国家重点研发计划"残塬沟壑区刺槐和油松林水源涵养及土壤保持功能提升技术"
国家重点研发计划"黄土残塬沟壑区水土保持型景观优化与特色林产业技术及示范"
国家自然科学基金项目"晋西黄土区水土保持林林分结构与功能耦合机理研究"
林木资源高效生产全国重点实验室
山西吉县森林生态系统国家野外科学观测研究站

资助出版

功能导向型
刺槐林林分密度控制图编制与应用

毕华兴　崔艳红　等　著

中国林业出版社
China Forestry Publishing House

图书在版编目（CIP）数据

功能导向型刺槐林林分密度控制图编制与应用／毕华兴等著.

--北京：中国林业出版社，2023.9

ISBN 978-7-5219-2188-5

Ⅰ.①功⋯　Ⅱ.①毕⋯　Ⅲ.①洋槐-林分密度　Ⅳ.①S792.270.5

中国国家版本馆 CIP 数据核字（2023）第 073319 号

策划编辑：刘家玲

责任编辑：甄美子

封面设计：北京睿宸弘文文化传播有限公司

─────────────────

出版发行：中国林业出版社

　　　　　（100009，北京市西城区刘海胡同 7 号，电话 83143616）

电子邮箱：cfphzbs@163.com

网址：www.forestry.gov.cn/lycb.html

印刷：中林科印文化发展（北京）有限公司

版次：2023 年 9 月第 1 版

印次：2023 年 9 月第 1 次印刷

开本：787mm×1092mm 1/16

印张：10

字数：160 千字

定价：39.00 元

内容简介

　　林分密度控制图是林分密度决策中的重要工具。传统的林分密度控制图多以蓄积量为生产管理目标进行编制，后来逐步扩展到多元化林分密度控制图的编制和应用。然而，目前对黄土高原地区以水土保持功能为导向的刺槐林林分密度控制图的研究还处于空白状态。

　　本书是在国家重点研发计划"残塬沟壑区刺槐和油松林水源涵养及土壤保持功能提升技术""黄土残塬沟壑区水土保持型景观优化与特色林产业技术及示范"和国家自然科学基金项目"晋西黄土区水土保持林林分结构与功能耦合机理研究"的资助下，依托林木资源高效生产全国重点实验室、山西吉县森林生态系统国家野外科学观测研究站的研究设施以及多年的积淀成果，以山西省吉县刺槐林为研究对象，基于生态学、林学、水土保持学、水文学、森林经理学、测树学和土壤学等传统科学的理论以及现代化手段和方法，通过对刺槐林生长特征及规律进行分析，构建了刺槐林生长模型；通过对刺槐林水土保持功能及其他主要功能指标进行分析与筛选，创新性地编制了功能导向型刺槐林林分密度控制图，并进行应用。本书旨在实现该区林分质量的精准提升，改善和提升区域生态主导功能，为新时代绿色生态构建和可持续发展提供理论和技术支撑。

　　本书可应用于研究区乃至整个黄土高原刺槐林生长和功能的预估、林分经营管理、定向调控和资源清查等方面。本书可供生态学、林学、水土保持学等专业研究人员、管理人员及高等院校相关专业师生参考。

《功能导向型刺槐林林分密度控制图编制与应用》
编委会

主要参编人员(以姓氏拼音为序):

毕华兴	崔艳红	侯贵荣	李永红
刘淑琴	刘泽晖	马晓至	孙朝升
王 宁	王珊珊	魏 曦	云 雷
张彦勤	张增谦	赵丹阳	朱金兆

学术秘书: 崔艳红

随着"三北"防护林、退耕还林还草等林业生态工程的实施，黄土高原植被逐渐恢复。截至 2018 年，黄土高原植被覆盖度达到 63%，累计治理水土流失面积 21.8 万 km²，占黄土高原水土流失总面积的 48%（胡春宏，2020），严重的水土流失现象得到一定程度缓解、生态环境得到了极大的改善。然而，林分初值密度过大、林木生长缓慢、土壤水分亏缺等原因，使得该区森林整体质量不高、结构失衡及功能低下等问题突出。因此，加快该区森林质量精准提升是目前亟待解决的重要问题。

林分密度控制图是用于协助森林管理者设计实现特定林分管理目标所需的密度控制制度（Ando et al.，1962；Drew and Flewelling，1979；Newton and Weetman，1993），是林分密度决策中的重要工具。其在林分密度效应规律的基础上，将林分测树因子与林分密度之间关系进行数学模型的拟合，并以图形的方式直观地表达出林分生长指标与林分密度之间的关系，可为林分的生长预测和经营管理提供参考性数据指标（Peener et al.，2006；田猛，2015；王成德，2019）。传统的林分密度控制图多以蓄积量为生产管理目标进行编制，后来逐步扩展到多元化林分密度控制图的编制和应用，如以不同林分功能为目标编制的林分生物量、碳储量、防风效能等功能林分密度控制图（向玉国，2014；范慧涛，2019）。然而，目前黄土高原地区以水土保持功能为导向的刺槐林林分密度控制图研究还处于空白。

本书是在国家重点研发计划"残塬沟壑区刺槐和油松林水源涵养及土壤保持功能提升技术""黄土残塬沟壑区水土保持型景观优化与特色林产业技术及示范"和国家自然科学基金项目"晋西黄土区水土保持林林分结构与功能耦合机理研究"的资助下，依托林木资源高效生产全国重点实验室、山西吉县森林生态系统国家野外科学观测研究站的研究设施以及成果积淀，以山西省吉县刺槐林为研究对象开展功能导向型林分密度控制图的编制与应用。

全书共分为6章，各章节的逻辑框架组织为在对国内外林分密度控制图研究与发展趋势梳理（第1章）的基础上，以黄土高原为典型研究区域（第2章），基于生态学、林学、水土保持学、水文学、森林经理学等传统科学的理论以及现代化手段和方法（第3章），对刺槐林林木生长特征及规律进行分析，构建了刺槐林生长模型（第4章），对刺槐林水土保持功能以及其他主要功能指标进行分析与筛选（第5章），对功能导向型刺槐林分密度控制图进行编制与应用（第6章），旨在实现该区林分质量的精准提升，有效改善和提升区域生态主导功能，为新时代绿色生态构建和可持续发展提供理论和技术支撑。该成果可为研究区乃至整个黄土高原刺槐林的生长和功能进行预估，并可运用于林分的经营管理、定向调控和资源清查等方面。

本书编委为课题组研究团队以及山西省吉县林业局、吉县红旗国有林场的主要技术骨干和试验示范与推广的一线成员。由于著者知识水平和实践经验有限，书中难免有不妥之处，敬请广大读者不吝批评指正。

毕华兴　崔艳红

2023 年 8 月

目 录

第1章 绪 论

1.1 林分密度控制图

1.1.1 林分密度控制图概念

林分密度反映林木对所占空间的利用程度（李双全，2008）。林分密度过小，不仅影响木材的生产，也不利于森林生态系统的稳定以及坡面的防护；而林分密度过大，则会加剧林木内部的竞争，抑制林木的生长（刘澄，2008；王晶，2009；文仕知等，2012）。因此，只有使林木合理地、最大限度地利用了所占有的空间，才能使林分充分发挥其最大的效益（刘澄，2008；文仕知等，2012；赵成姣，2019）。

林分密度控制图（SDCD）是用于协助森林管理者设计实现特定林分管理目标所需的密度控制制度（Ando et al.，1962；Drew and Flewelling，1979；Newton and Weetman，1993）。从概念上讲，林分密度控制图是通过密度调节来控制树木竞争以达到不同管理目标的过程。在操作上，密度调节包括通过初始间距或间伐计划的时间顺序来控制林分单位面积内林木的数量和空间排列（Newton，1997a；Newton et al.，2005）。因此，密度控制图为资源管理者提供了一种通过管理目标确定密度控制计划的客观方法，是林分密度决策中极其有用的工具。

1.1.2 林分密度控制图分类及发展

从结构上看，林分密度控制图是一种平均林分水平模型，以图形方式说明林分发育各个阶段的产量、密度和死亡率之间的关系（Newton and Weetman，1994）。林分密度控制图基于自疏理论和森林生产理论，采用了大量的经验和功能产量密度关系（Ando，1962；Drew and Flewelling，1979；Newton and Weetman，1993；Jack and Long，1996）。这些关系代表了各种潜在竞争过程对产量参数的累积效应（Newton and Amponsah，2005）。这些过程的时间相关性由竞争强度和立地质量决定，分别用相对密度指数和立地指数表示。其中，用来描述平均树木大小（如树高、胸径和蓄积等）与林分密度之间相关的指数为密度指数。目前，常用的密度指数主要有 Reineke（1933）提出的林分密度指数（McCarter and Long，1986；Long et al.，1988；Dean and Jokela，1992；Dean and Baldwin，1993；Kumar et al.，1995）；Yoda 等于 1963 年提出的自疏规则

(Drew and Flewelling, 1977; Kim et al., 1987); Drew 和 Flewelling（1979）的相对密度指数（Flewelling et al., 1980; Flewelling and Drew, 1985; Newton and Weetman, 1994; Farnden et al., 1996; Newton et al., 1997, 1998）和相对间距指数（Wilson, 1946）。这些密度指数的一大优点是它们独立于立地质量和林龄（Long, 1985; McCarter and Long, 1986）。

从历史发展来看，林分密度控制图主要用于根据管理目标得出密度控制计划，并已利用各种分析方法为世界各地许多具有商业价值的树种进行了开发、编制。林分密度控制图，最初是由日本科学家在 20 世纪 60 年代早期根据竞争密度和产量密度效应的倒数方程以及自疏规则开发的（Ando, 1962, 1968; Tadaki, 1963）。20 世纪 70 年代和 80 年代，其他学者对原始建模方法进行了各种修改，包括用基于经验的体积密度函数代替竞争密度和产量密度效应的倒数方程，采用不同的相对密度指数和大小变量，以及结合森林生产理论对其进行创新（Drew and Flewelling, 1979; Flewelling and Drew, 1985; Long, 1985, 1988; McCarter and Long, 1986）。20 世纪 90 年代以后，学者们利用上述的早期建模方法，为许多其他的物种建立了密度控制图模型，包括混交林林分密度控制图模型（Newton and Weetman, 1994; Jack and Long, 1996; Newton, 1997a, 1998a; Porté and Bartelink, 2002; Long and Shaw, 2012）。21 世纪之后，学者们对密度控制图的研究更加深入和完善。其中，Newton（2003）根据是否存在密度降低（死亡率）子模型，区分了动态和静态密度控制图。在静态密度控制图中，虽然由最大密度线暗示竞争诱导的死亡率，但林分密度在林分发育过程中的下降过程尚不清楚，且林分发育的各个阶段都会发生有规律的树木死亡现象，在接近最大密度线的林分中，密度下降率显著增加。在间伐林分中，通常假定间伐后不会发生死亡率，从而简化了密度控制图的应用。然而，这种假设是不可持续的，特别是考虑到长期的预测期时（Mack and Burk, 2005）。动态密度控制图中通常包含的死亡率子模型（Castedo-Dorado et al., 2009; Newton, 2009, 2012a, 2012b; Pérez-Cruzado et al., 2011; Tewari and Álvarez-González, 2014）需要林龄或立地指数的补充信息，而这些信息不能直接从密度控制图中获得。为了克服此类动态密度控制图的缺陷，Stankova 和 Diéguez-Aranda（2017）推导了一个由动态尺寸密度模型和密度降低函数组成的兼容双组分模型系统。

除了定义静态和动态密度控制图模型外，还可以使用其他标准对这些模型进行分类，如通过划分森林蓄积量的标准作为依据，将以 Reineke（1933）的最大密度线作为林分蓄积的上限，用林分密度指数来表征蓄积水平作为第一类密度控制图，这种类型的密度控制图在密度二次平均直径图上表示，通常包括 3 个等值线族：树高、材积和林分密度指数等值线。这种类型的例子包括 Kumar 等（1995）为柚木（*Tectona grandis*）开发的模型、Sales-Luis 和 Fonseca（2004）为松木（*Pinus pinaster*）开发的模型、Long 和 Shaw（2005）为美国黄松（*Pinus ponderosa*）开发的模型、Vacchiano 等（2008）为欧洲赤松开发的模型以及 Carcamo 等（2011）为冬青（*Drimys winteri*）开发的模型。第二类密度控制图采用 Yoda 的 3/2 幂律作为林分蓄积的上限。在这种情况下，蓄积水平由产量指数或相对密度定义。产量指数是指给定林分的总材积或每公顷生物量与同一优势高等级林分的总材积或生物量的比。相对密度代表实际密度与具有相同平均树材积的林分可达到的最大林分密度的比。第二类密度控制图在密度-体积图上表示，由 5 类系列基础曲线组成。这类模型的例子早期主要出现在日本和北美（Drew and Flewelling, 1979; Newton and Weetman, 1993, 1994; Sturtevant et al., 1996, 1998; Newton, 1997b, 1998a, 1998b, 2003, 2006），后来在欧洲得到发展（Stankova, 2004, 2005, 2008; Stankova and Shibuya, 2007; Stankova and Diéguez-Aranda, 2014）。在第三类密度控制图中，林分蓄积水平由相对间距指数定义（Wilson, 1946）。这个指数是以平均树间距与优势树高的比例来计算的。这种密度控制图起源于西班牙（Barrio-Anta and Álvarez González, 2005），在西班牙广泛应用于不同的森林树种（Barrio-Anta et al., 2006; Castedo-Dorado et al., 2009; López-Sánchez and Rodríguez Soalleiro, 2009; Pérez-Cruzado et al., 2011; Castaño-Santamaría et al., 2013; Gómez-Vázquez et al., 2014; Oliveira et al., 2015）。这种类型的模型建立在密度优势高度图上，主要成分包括二次平均直径、林分蓄积和相对间距指数等值线。

　　尹泰龙等（1978）利用吉林省不同森林类型的标准地数据，通过探讨相应生长过程的数学模型，编制了五种森林类型的林分密度控制图。这是国内最早应用密度控制图的案例，也由此正式将密度控制图引入中国，并强调随着森林经营强度的提高，密度控制图将成为林分经营管理的重要工具。随后，学者们对林分密度控制图的编制理论依据和应用方法进行了研究和探讨，并指出弄清林分密度效应规律，构建林木生长因子与林分密度之间的数学模型是编制密度控制图的基础（田镐锡，1980；刘景芳，1980；邵永礼，1981；尹泰龙，1984），在 20 世纪 80~90 年代，大量的学者将密度控制图应用到全国各地不同的树种中（林杰等，1982；卜庆珠，1983；王笃治，1985；王万常，1990；梁守伦，1996）。其中，姜文南等（1981）利用 538 块标准地、43 株解析木对辽宁省抚顺地区的长白落叶松编制密度控制图，并通过密度控制图确定抚育间伐量、预测林木生长、进行资源清查、鉴定林分经营类型；马钦彦（1988）根据 6 个省份 421 块油松纯林资料编制了油松生物量密度控制图，从生物量生产指标的角度对油松林进行经营管理；谢利玉（1992）通过 231 块实生杉木（*Cunninghamia lanceolata*）标准地资料，构建研究密度与各测树因子之间的关系，并采用二次回归法和迭代法进行模型参数的求解，比较优化参数求解方法，以便提高杉木林林分密度控制图整体的精度；刘君然（1994）通过 30 块落叶松（*Larix gmelinii*）天然林大样本标准地首次将林分密度指数与测树因子相结合构建数学模型代替竞争密度效应和产量密度效应倒数式，对原始建模方法进行了修改。2000 年后，林分密度控制图的编制和研究均大幅减少，而对密度控制图的应用不再只考虑林分蓄积量与林分密度之间的关系，而是开始更深层次地考虑林分其他功能与林分测树因子（林分密度、树高、胸径、郁闭度等）

之间的关系，部分学者开始初步探索除林分生产之外的其他功能密度控制图的编制。其中，靳爱仙等（2009）以马尾松林为例，通过将林分碳储量与林分蓄积量之间的关系代入其林分密度控制图的基本等值线模型中，构建了马尾松碳储量密度控制图。向玉国（2014）利用吉林省落叶松的调查数据，编制了落叶松生物量、碳储量密度控制图，并对林分水源涵养密度控制图的编制进行了初步探索。范慧涛（2019）为了揭示樟子松的防风规律，对御道口樟子松防护林防风效能进行研究，并基于防风效能对樟子松进行密度控制图的编制，为沙地防护林的经营管理提供依据。本书则基于前人对功能导向型林分密度控制图编制的研究基础上，以水土保持功能为主，编制刺槐林水土保持功能导向型林分密度控制图。

1.2 林分水土保持功能

1.2.1 水土保持功能概念

《中国水利百科全书》中明确指出："水土保持是防治水土流失，保护、改良与合理利用水土资源，维护和提高土地生产力，以利于充分发挥水土资源的生态效益、经济效益与社会效益，建立良好生态环境的事业"（冉崇军，2010；鲁静，2011）。根据"水土保持"的概念，其计量指标反映出"蓄水"和"保土"两个方面的功能（金小麒，1991）。赵岩（2013）将水土保持功能划分为基础功能（生态服务功能）和社会经济功能。由于水土保持的基础功能没有被系统地研究过，也没有一个明确的概念，但水土保持的基础功能属于生态服务功能的范畴。因此，吴岚（2007）在生态服务功能的定义下概括出水土保持的基础功能，即在水土保持过程中所采用的各项工程措施、林草措施和农业措施对保护和改良人类社会赖以生存的自然环境条件并促进区域社会经济发展的综合效用。

1.2.2 水土保持功能划分

将水土保持功能归纳为以下 7 个方面：保持和涵养水源、保持和改良土壤、固碳供氧、净化空气、防风固沙、维持生物多样性和维持景观（吴岚，2007）。此外，赵岩（2013）根据前人对生态服务功能的划分，并结合水土保持所具有的功能特点，将水土保持生态服务功能划分为水源涵养、防风固沙、土壤保持、蓄水保水、农田防护、生态维护、防灾减灾和拦沙减沙 8 个方面的功能。根据以上对水土保持基础功能的分类，很多研究人员（张超等，2016；魏曦，2018；侯贵荣，2020）认为水土保持功能在森林水文方面的研究，主要体现在对林地水资源的涵养作用（水源涵养功能）、对林地土壤资源的保护和改良作用（保育土壤），以及防止林地产生地表径流和径流过程中对水土资源流失的拦蓄保护作用（拦沙减沙功能）等方面。而本书对水土保持功能的研究则主要体现在森林水文方面的功能即水源涵养功能、土壤保育功能和蓄水减沙功能3个方面。

(1)水源涵养功能

水源涵养功能具体是指森林生态系统对降水的拦蓄作用(肖洋,2005),是森林生态系统重要的生态服务功能之一,即通过森林各作用层对降雨的拦截作用来减少地表径流等,进而影响径流形成,增加地表入渗,从而有效地补充地下水(龚诗涵,2017;周佳雯,2018)。在黄土高原地区,植被的水源涵养能力尤其重要(朱显谟,2006)。

①植被层

森林植被层通常是复层结构,在垂直方向上包括乔木层、灌木层、草本层3个部分(汪有科,1994)。森林冠层截留作用是拦截大气降水的第一层次,当降水到达林冠后,林冠枝叶对降雨进行了第一次水量分配(Zeng et al.,2000;王爱娟,2009)。这一过程相应地减小了雨量,降低了动能,防止了雨滴直接对土壤的溅蚀作用。同时,将土壤表面分解的营养元素随土壤的入渗过程向土层内部进行迁移,增加土壤养分,便于植被根系对营养元素的摄取。该过程是水文循环过程中的重要环节,在森林水文过程中占据重要地位(王晓燕等,2012;鲜靖苹,2014;魏曦,2018;乔勇虎,2018)。

根据前人的研究成果可知:乔木层林冠截留量占大气降水量的15%~35%,而阔叶树种的截留量占大气降水量的15%~30%(刘向东,1994;汪有科,1994)。其中,王晓燕等(2012)采用水量平衡的方法对晋西黄土区林分密度为1800株/hm^{2}刺槐人工林测得林冠平均截留率为20.40%。而灌草层对大气降水也具有一定的截留作用,其截留量占大气降水量的1.8%~17.2%(刘向东,1994),而陈永宗等(1988)对黄土高原灌木层的截留也进行了研究,其结果表明灌木层的截留量占大气降水量的14.8%~25.4%。而灌草层不仅可以截留降雨,还对降雨具有消减动能的作用。对降雨和林内二次降雨减少的动能根据其覆盖率计算,可削弱44.4%的降雨动能(刘向东,1994)。植被层的截留作用受多个因素的影响。其中,植被层截留量与林分郁闭度呈正相关关系,即随着林分郁闭度的增加枝叶的量也不断增加,进而使林冠截留量增加(孔维健,2010)。植被层的截留量与叶面积指数也呈正相关关系,林冠截留量随叶面积指数的增大而增大(Gomez et al.,2001)。在一定的降雨范围内,林冠截留量与降雨量呈正相关关系(朱继鹏,2006;段旭等,2010),但当截留量达到饱和时,林冠截留量趋于稳定(Gerrits et al.,2010)。除此之外,还与降雨强度、气象因素以及季节有关(王爱娟等,2009;鲜靖苹,2014)。

②枯枝落叶层

枯落物是指在林地表面覆盖的未分解、半分解和已分解的地上植被凋落物的总称,是森林腐殖质层的重要物质来源(刘宇,2016;夏祥友,2016)。其结构疏松,由于其不同的组成以及不同的分解程度,使得其具有不同的持水和透水性能。但整体上都表现出拦蓄降水、削减雨滴动能和防止地表溅蚀作用,即减少地表径流,维持土壤结构、抑制土壤蒸发；同时起到保持水土和涵养水源的作用（Elliot，1991；庞学勇，2005；侯贵荣等，2018）。枯枝落叶层作为水文调节的第二个作用层，是森林生态系统重要的组成部分（汪有科等，1994；余新晓，2013）。

枯落物截留是指降雨经过林冠层和林下植被层被截留后到达地表时再次被地表枯枝落叶吸收拦蓄，这个过程中被枯落物截留的量为枯落物对降雨的截留量。通常，也会以枯枝落叶层的最大持水量用来表示其最大截留量（侯贵荣，2018，2020）。而影响枯落物截留能力的主要因素包括：枯落物的组成、厚度、贮量自身含水量大小以及降雨特性等有关（汪有科等，1994；朱继鹏，2006；徐军，2016）。其中，臧廷亮等（1999）确认了森林枯落物涵养水源、强化土壤抗蚀性状、保持水土等方面的功能。季冬等（2007）在对贡嘎山不同演替阶段的暗针叶林群落的枯落物的截留特征进行研究，结果显示枯落物层截留量与枯落物贮量成正比，而截留率与降雨强度成反比。易文明等（2011）研究了6种林分枯落物层的水文效应，其结果表明枯落物的蓄水功能较强。赵晓春等（2011）的相关研究也表明森林枯落物水文效应明显。

③土壤层

土壤层是继植被层和枯枝落叶层之后，降雨的第三个主要作用层，也是林地水源涵养最重要的作用层，其被称为森林生态系统的"水分调节器和储存所"（张光灿，1999；刘芝芹，2014；夏祥友，2016）。然而，影响土壤层持水蓄水能力的因素很多，其主要影响因素包括土壤的结构、孔隙度状况、土层厚度和土壤入渗率等（张光灿，1999；王鹏程，2007）。

水源涵养功能的计量方法主要有多因子回归法（张庆费等，1999）、降水储量法（张三焕，2001）、林冠截留剩余量法（邓坤枚等，2002）、多模型集成法（Chen et al.，2005）、森林水文模型法（周洋洋等，2014）、土壤蓄水法（杨帆等，2015）、综合蓄水法（郭梦娇等，2016）和水量平衡法（陈丽等，2017），这些方法均对森林水文效应进行了计算评估，但每种方法都存在一定的适用性和局限性。其中，森林水文模型法以及多模型集成法对所需的数据量以及质量要求较高，且计算过程较为复杂，适合大尺度空间的森林水源涵养的研究，精度较高（侯晓臣等，2018）。林冠截留剩余量法和土壤蓄水法均比较适合坡面尺度林分涵养水源量的计算，且计算过程较为简单。但由于这两种方法均只考虑了部分作用层的涵养水源量，即林冠截留剩余量法只考虑了林冠层、土壤蓄水法只考虑了土壤层，因此采用这两种方法计算的水源涵养量偏小（侯晓臣等，2018；周佳雯等，2018）。水量平衡法是基于水量平衡原理，将林区水量的输入与消耗的差作为水源涵养量，但由于林分蒸发量较难测得，因此采用该方法测得的林分水源涵养量的准确性较低（周佳雯等，2018）。降水储量法是指与裸地相比，其林分所减少的径流量即水源涵养量（周佳雯等，2018）。采用该方法测得的水源涵养量是相对值，方法简单，但适用性较差（侯晓臣等，2018）。多因子回归法是基于数理统计方法将森林系统的多项因子进行回归计算，通过回归方程计算其水源涵养量。由于该方法考虑了众多影响因素，因此对各因素综合的回归方程进行拟合，必然需要大量观测数据，而部分数据的获取较难，使得该方法难以推广（侯晓臣等，2018）。综合蓄水法涵盖了植被层、枯枝落叶层和土壤层3个作用层对降水的拦蓄作用，较为全面（张佳楠，2019）。该方法所需数据量较大，且该方法测得的水源涵养量为最大蓄水量（张彪等，2009）。该方法可进行不同作用层拦蓄功能的比较，且是目前较为常用的方法之一（刘璐璐，2013；马维玲，2017；张佳楠，2019）。

（2）土壤保育功能

土壤作为森林生态系统的关键部分，为林木的生存提供物质基础（贺红早等，2013）。其中，不断地维持和提高森林土壤的肥力已成为森林生态系统稳定、持续发展的关键（庞学勇等，2005）。土壤保育功能主要体现在土壤水分和土壤肥力两个方面（魏曦，2018；侯贵荣，2020）。土壤保育功能是指通过一系列的措施，防止降雨侵蚀，减小地表冲刷以及土壤结构的破坏，进而减少土壤肥力的损失（张秋良等，2011；崔卓卿，2015）。而森林所发挥的土壤保育功能主要体现在对土壤肥力状况的改善方面。其中，常用于衡量土壤肥力高低的指标有土壤有机质、氮素和磷素。土壤中的碳、氮、磷（C、N、P）是森林植被重要的养分原料（任璐璐，2017），其含量的高低影响着林木的生长发育以及生产力水平，同时，对有机质的分解作用、根系对养分的吸收作用以及微生物种群动态变化等均产生较大的影响（张芸等，2019）。土壤的生态化学计量是反映土壤养分的重要指标，在一定程度上反映了土壤中主要元素对植物生长的限制状况（张芸等，2019；王平安等，2020）。其中，张富荣等（2021）对秦岭山地不同恢复时期即不同林龄的刺槐林的土壤化学计量进行了研究，其结果表明该区的主要限制元素为氮素，而限制该区林木生长的主要因素是水分的亏缺。

（3）蓄水减沙功能

在黄土高原地区，蓄水减沙功能是最重要的水土保持功能之一（魏曦，2018）。多年来，众多学者已对不同降雨条件和植被覆盖条件下的土壤侵蚀进行了相关研究。其普遍认为土壤侵蚀量随降雨强度、降雨量的增加而增加（吴发启等，1999；魏天兴，2001；张建军等，2002，2005；余新晓等，2006），随植被覆盖率的增加而减小（Dieterich，1998；余新晓等，2006）。其中，郑芳（2010）和黄明等（2012）对晋西黄土区吉县不同植被覆盖的小流域的水文过程进行研究，其结果均表现出流域径流量与泥沙含量随雨强的增大而增加，而植被覆盖率越大，其防护效果也越好。但郑明国等（2007）对黄土丘陵区不同空间尺度（如径流小区、坡面、小流域和流域尺度）的水沙关系进行研究，其结果表明坡面径流小区在不同植被覆盖条件下，其植被覆盖率对坡面水沙关系影响显著；但在全坡面尺度以及流域尺度下，植被很难改变土壤沟蚀作用，尤其是在千沟万壑的黄土区，即当流域尺度变大时，其植被覆盖率对水沙关系的影响相对变小。此外，卫伟（2006）和于国强等（2012）基于野外降雨试验以及不同植被覆盖的标准径流小区的多年数据进行分析，其结果表明灌木丛和荒草地水土保持效果好于乔木林，而受人为干扰大的农田和坡度高的人工草地最易造成水土流失。

1.3 林木生长特征与模型构建

1.3.1 林木生长模型

林木的胸径、树高和材积等因子随林龄的增加而变化的规律，为林木生长规律（罗军伟，2017）。通过对林木总生长量、连年生长量和平均生长量等指标进行分析进而判定其胸径、树高和材积等因子的生长状况（严风翔，2014）。研究表明，即使是同龄纯林的林木，其生长也会因其所处的立地条件以及自身的遗传特性，使得其在大小和形状等方面产生差异，而这些差异在正常情况下也会遵循一定的生长规律，比如林木的生长必然是"缓慢—旺盛—缓慢—最终停止生长"的"S"形过程（贺珊珊，2009）。

为了更好地对林木生长进行分析，通常采用生物模型的方法来揭示林木的生长规律，进而模拟林木的生长过程（罗军伟，2017）。其中，生物模型主要包括理论生长模型和经验生长模型（贺珊珊，2009；罗军伟，2017）。目前，常用的理论生长模型主要包括理查德生长模型（Richards 方程）、坎派兹生长模型（Gompertz 方程）、逻辑斯蒂（Logistic 方程）生长模型、单分子式生长模型（Mitscherlich 方程）和考尔夫（Korf 方程）生长模型等（段爱国等，2013）。常用的经验生长模型主要有舒马切尔模型（Schumacher，1939）、修正 Weibull 模型（杨容启等，1978）、双曲线模型和混合模型等（姜生伟，2009）。其中，张少昂和王冬梅（1992）通过兴安落叶松相关数据对理查德生长模型的适用范围以及局限性进行分析，并在此模型的基础上提出更适宜的生长模型。张建国（2004）对生物生长模型的基本形式和特点进行了详细的描述，并以杉木为例对其直径结构的规律运用常用的理论生长方程进行模拟，发现除 Mitscherlich 方程外，其他模型精度均较高，Richards 生长模型精度最高。何静等（2021）通过常用的理论生长模型对栎类天然林平均胸径的生长规律进行模型拟合，结果显示逻辑斯蒂生长模型的拟合效果最佳，并基于该最优的理论生长模型构建林分密度和立地效应的生长模型。

可变密度的生长模型是全林分生长模型的一种，能反映平均单株林木和林分总体生长量的生长动态（王雪梅，2001），通常将林分密度指标引入理查德生长方程、逻辑斯蒂生长方程等具有生物学意义的理论方程来构建（王雪梅，2001；郭恩莹，2009；肖锐，2015）。国外对可变密度生长模型研究较早，1939 年舒马克（Schumacher）首次提出了含有林分密度的收获模型（郭恩莹，2009）；19 世纪 70 年代，开始将林分密度引入适用性较大的理论生长方程（郭恩莹，2009）；90 年代，对可变密度生长模型的研究逐渐深入，并逐渐成为测树学研究和发展的重要方向之一。20 世纪 80 年代，中国才开始对可变密度生长模型进行研究，研究开始时间相对较晚，对模型的构建主要也是通过将林分密度指标引入适用性较强的理论生长方程中（张少昂，1986；李希菲，1988）。可变密度的生长模型可以预估各种密度林分的生长过程，是合理经营林分的有效工具（王雪梅，2001）。因此，本书将林分密度引入刺槐的最优理论生长方程，构建刺槐可变密度的生长模型。

1.3.2　林木生物量模型

生物量作为研究森林结构和功能最基本的特征数据，对深入研究森林水文过程、碳循环和与环境的相互关系等具有重要的科学意义（董利虎，2015）。关于生物量的研究，学者们对其概念、历史发展、研究方法和生物量模型等进行了全面的综述（郑景明，1998；项文化，2003；薛立，2004；欧光龙，2020）。在研究方法上，根据研究尺度的大小可以分为实测法（小尺度）、模型法（大尺度）和遥感法（大尺度）3类。其中，实测法是森林生物量研究最可行的方法，但直接实测法需要花费大量的时间、人力和财力，而结合生物量模型，可以大大提高森林生物量估算的效率和精度。

目前，我国已建立了5000多个生物量模型，涉及200多个树种（Luo et al.，2020）。其中，用于估算林木生物量的模型可分为：可加性和不可加性两类（Dong et al.，2020；Luo et al.，2020；欧光龙，2020）。过去大部分学者都是分别独立估计林木的总生物量和各组分生物量（Carl et al.，2017；Altanzagas et al.，2019；Luo et al.，2020），结果使各组分生物量的估算值的和不等于总生物量估算值，忽略了各组分生物量与总生物量之间的内在相关性和逻辑一致性（Parresol，1999）。然而，生物量的可加性模型则可以确保每个组分的生物量预测值的和等于总生物量的预测值，大大提高了模型精度（Bi et al.，2004；Dong et al.，2016；Dimobe et al.，2018）。过去在对异速生长方程进行参数估计时，常常直接将数据进行对数转换，再把转换后的数据运用最小二乘法进行模型的参数的拟合。然而，一些学者认为对数标度的分析是有缺陷的，应将原始数据采用非线性幂函数的方式进行拟合（Fattorini，2007；Packard，2008，2009，2010；Caruso et al.，2010）。这一争论引起众多学者的讨论，其中 Gingerich（2000）和 Kerkhoff 等（2009）认为，是否将数据进行对数转换的关键在于异速生长方程的误差。为此，Xiao 等（2011）通过蒙特卡罗模拟测试误差结构在线性与非线性中的作用，并基于这一结果来决定异速生长方程在进行参数估计时是否需要进行对数转换。因此，可加性生物量模型的参数估计方法可以分为线性和非线性两种。对于线性可加性模型参数估计方法主要包括加权线性最小二乘估计（WLS）、三阶段最小二乘（3LS）和似乎不相关回归（SUR）（Borders，1989；Lambert et al.，2005；Riofrío et al.，2015）。对于非线性可加性模型参数估计方法主要包括非线性似乎不相关回归（NSUR）、最大似然分析、误差变量模型法和广义矩估计法（GMM）（Fu et al.，2015；Affleck et al.，2016；Parresol et al.，2017；Zeng et al.，2017）。其中，非线性似乎不相关回归更加普遍和灵活

（Cao et al., 2019）。

1.3.3 立木材积模型

森林蓄积是森林生态服务功能的重要指标，在很大程度上可以依据森林蓄积量来判断森林生长发育的阶段、森林的生态活力以及森林生产力，为了便于对森林蓄积的估算，需要对林木建立材积方程进行评估。

根据树木的状态，可以把树干材积的测算分为立木和伐倒木两种材积测量方法（贾振轩，2014；曹忠，2015）。其中，传统的立木材积无损测量方法较多，如平均实验形树法 [公式为 $V = g_{1.3} \times (h + 1.3) \times f_a$]、Denzin 略算法（公式为 $V = 0.001 \times d_{1.3}^2$)和形率法（公式为 $V = g_{1.3} \times h \times f_{1.3}$）等（孟宪宇，1996）。但该方法普遍存在限制条件多、操作烦琐且精度不高等特点。最新的立木材积无损测量法主要是通过近景摄影测量技术，如冯仲科等（2001）和曹忠（2015）等将该技术与全站仪相结合，对固定样地的树木进行测定，认为该技术是一种高效、无损和智能的方法。但由于全站仪较为沉重，且对其位置的摆放较严格，因此在野外不同的立地条件下使用较困难。树干解析的材积测量常采用中央断面积区分求积法和平均断面积区分求积法进行测量，一般用于一元材积模型和二元材积模型的建立（孟宪宇，2008；曹忠，2015）。这种方法虽然具有一定的破坏性、成本较高、内外业工作相对烦琐，但过程简单明了且能达到很高的精度。

关于模型建立的参数估计方法可以分为线性和非线性，同 1.3.2 林木生物量模型建立的参数估计方法一致。过去材积模型模拟的方法常将其进行对数转换再采用最小二乘法进行线性回归求得参数。然而，这一方法存在争议，1990 颁布的《林业专业调查主要技术规定》明确规定，为了消除由于变量的线性变换所产生的偏差，对于线性或非线性模型，都应采用直接拟合方法（李林，2011；曹忠，2015；牟春燕，2016）。

第②章　黄土高原及典型研究区概况

2.1　黄土高原概况

2.1.1　自然概况

（1）地理位置

黄土高原（110°54′E~114°33′E，33°43′N~41°16′N）聚集了地球上 70%的黄土，是世界上黄土分布面积最广、厚度最大、黄土地貌类型最典型的地区。在地理位置上包含了甘肃省、宁夏回族自治区、陕西省、山西省和内蒙古自治区的大部分地区，青海和河南两省的小部分地区，其分布范围东起太行山山脉，西至乌鞘岭，北到长城，南抵秦岭，总面积为 64.2 万 km²（约占国土面积的 6.5%）。

（2）气候水文

黄土高原地处沿海向内陆，平原向高原的过渡地带，自南而北兼跨暖温带、中温带两个热量带，自东向西横贯半湿润、半干旱两个干湿区。高原东部、南部属于暖温带半湿润区，中部属于暖温带半干旱区，西部和北部属于中温带半干旱区。黄土高原年平均温度为 3.6~14.3℃，无霜期为 150~250d，具有冬季严寒、夏季暖热的特点，气温日较差大，积温有效性高，有利于植物干物质和糖分积累，其年平均日较差在 10~16℃，最大日较差达 28~30℃，且东部和西部的温度变化较大。年降水量为 150~750mm，其中 6~9 月降水量占全年总降水量的 55%~78%，属于典型的大陆季风气候特征。该区年蒸发量（1400~2000mm）普遍高于年降水量，且总体表现出南低北高，东低西高的特点。

（3）地形地貌

黄土高原主要由山西高原、陕甘晋高原、陇中高原、鄂尔多斯高原和河套平原组成，地势西北高东南低，自西北向东南呈波状下降。以六盘山和吕梁山为界把黄土高原分为东、中、西三部分：六盘山以西的黄土高原西部，海拔 2000~3000m，是黄土高原地势最高的地区；位于六盘山与吕梁山之间的黄土高原中部，海拔 1000~2000m，是黄土高原的主体；吕梁山以东的黄土高原东部，地势较低为 500~1000m，其中河谷平原占比例较大。

（4）土壤类型

黄土高原地区的土壤主要分为黄绵土、褐土、垆土、黑垆土、灌淤土和风沙土六大类。黄绵土广泛分布于黄土丘陵区，其特点表现为土层深厚、质地匀一、多孔疏松、透水透气，易于耕作，适于多种农作物和林草生长。但其易受侵蚀，在自然因素和人为因素的作用下，土壤普遍退化，土地的再生性减弱，黄土高原土壤退化面积达 33.7 万 km^2，占总面积的 54%。另外，在黄绵土基础上，经过多年耕种熟化，形成一些特种的肥沃土壤，如垆土和黑垆土。黄土高原地区的土壤钙、钾含量高，但有机质、氮素和磷素都严重缺乏。据抽样测定，土壤钾的含量为 1.5%~2.5%，速效钾含量<0.01% 的土壤占 37.9%；有机质含量<1.0% 的土壤占 57.1%，其中有机质含量<0.6% 的土壤占 22.1%；氮素含量<0.075% 的土壤占 68.8%，其中氮素含量<0.05% 的土壤占 35.4%；全磷含量为 0.05% 的土壤占 0.18%，平均含量为 0.123%，与华北平原相当。黄土高原地区土壤退化养分不足，再加上缺水，严重制约了农业的发展。

（5）植被特征

黄土高原从东南到西北依次分布着森林、森林草原、草原（典型草原、荒漠草原）3 个植被带。森林带大致与降水 550mm 以上地区吻合，植被为华北落叶阔叶林。农田主要分布于丘陵、高原、平原，天然植被多分布在高中山地，主要包括栎类（*Quercus*）、桦木（*Betula*）、山杨（*Populus davidiana*）、油松（*Pinus tabulaeformis*）和华山松（*Pinus armandii*）等；在中低山地的石质山地及阳坡多分布耐干旱瘠薄的白皮松（*Pinus bungeana*）和侧柏（*Platycladus orientalis*），呈纯林或混交林；平原区由于气候条件较好，栽培树种较丰富。森林草原带以 400mm 降水值为北界，该区植被稀疏，无完整森林存在，在中低山地局部保存着天然次生林，主要树种有辽东栎（*Quercus wutaishansea*）、白桦（*Betula platyphylla*）、山杨、椴树（*Tilia tuan*）等，灌木主要包括柠条（*Caragana korshinskii*）、沙棘（*Hippophae rhamnoides*）、白刺花（*Sophora davidii*）、枸杞（*Lycium chinense*）、黄蔷薇（*Rosa hugonis*）、忍冬（*Lonicera japonica*）、绣线菊（*Spiraea salicifolia*）等，草本主要有冰草（*Agropyron cristatum*）、白羊草（*Bothriochloa ischaemum*）、铁杆蒿（*Artemisia gmelinii*）和委陵菜（*Potentilla chinensis*）等。草原带分布于黄土高原西北部及内蒙古自治区部分地区，为半干旱气候区，草原植被以禾本科芨芨草（*Achnatherum splendens*）和各种旱生羽茅（*Achnatherum sibiricum*）为代表。

2.1.2 社会经济概况

黄土高原土地资源十分丰富，是我国苹果栽植优生带和主要产区之一。退耕还林（草）工程实施以来，苹果产业已成为黄土高原区域经济发展的主导产业（贾如浩，2019）。截至 2021 年，黄土高原苹果种植面积已达 1830.42 万亩（1 亩 = 1/15hm²，以下同）（《中国统计年鉴》，2022）。且该区能矿资源丰富，是全国能源安全保障基地和生态安全屏障的重要组成部分。2015 年，黄土高原地区国内生产总值（GDP）为

53789.17×10^8 元，总人口为 12293.31×10^4 人，其中城镇人口 6014.07×10^4 人，三大产业结构为 6.85：48.07：45.08（李武斌等，2018）。

2.2　山西省吉县概况

2.2.1　自然概况

（1）地理位置

吉县（110°26′28″E～111°07′21″E，35°53′13″N～36°21′03″N）隶属山西省临汾市，位于山西省西南边隅，黄河中游东岸，吕梁山南端，地处黄土高原东南部半湿润地区与半干旱地区的过渡带上，属于黄土高原残塬沟壑区和梁峁丘陵沟壑区。吉县东西长62km，南北宽 48km，边界全长 229km，总面积约为 1777.26km^2。按照行政区划分其分别与大宁、乡宁、宜川、蒲县和尧都区等县相连。

（2）气候水文

吉县属于暖温带大陆性季风气候，四季分明。根据中国气象网 1970—2020 年吉县气象数据可知，吉县年平均降水量为 522.3mm，7～9 月平均降雨量为 300.8mm，年平均蒸发量为 1892.5mm，其蒸发量约为降雨量的 3.6 倍；1 月平均气温约为−4.6℃，7月平均气温为 23.6℃，年均气温为 10.5℃，光照时数为 2330.7h，无霜期为 172d。其水系直接汇入昕水河，为黄河二级支流（朱金兆，2003）。

（3）地形地貌

山西省吉县地处晋西吕梁山南端，"两道川、十个垣、较大沟道一千三，西临黄河东靠山，七座高山围半圈"即该地区地形和地貌的真实写照。地势东高西低，海拔为900～1590m，高差较大。地貌类型为黄土梁状丘陵沟壑和残塬沟壑。

（4）土壤类型

带状土壤在吉县分布广泛，褐土是吉县主要的土壤类型，按其碳酸钙的淋溶程度可分为丘陵褐土、普通褐土和淋溶褐土（毕华兴，2003）。由于吉县境内山脉较多，因此山地褐土及褐土两种类型占比最大，累计超过 3/4。

（5）植被特征

吉县森林植被地处暖温带阔叶林带向森林草原带的过渡带上，植被资源较为丰富。其中，在蔡家川流域有种子植物 188 种，分属于 48 科 136 属（冯愿楠，2008）。蔡家川流域上游为土石山区，以天然次生林为主，其主要包括山杨和栎类等乔木树种。蔡家川流域中下游为黄土丘陵沟壑区以人工防护林和农田生态系统为主（王宁等，2019）。该流域内的防护林主要以 1993 年实施的"日援项目"和 2003 年实施的退耕还林项目所营造的防护林为主，其乔木植物种主要以刺槐（*Robinia pseudoacacia*）、油松、侧柏纯林和油松×刺槐混交林、油松×侧柏混交林为主，灌木以胡枝子（*Lespedeza bicolor*）、沙棘、黄刺玫（*Rose xanthina*）、酸枣（*Zizyphs jujubes*）、杠柳（*Periploca sepium*）为主，草本以白羊草、冰草和茵陈蒿（*Artemisia capillaris*）、艾蒿（*Artemisia argyi*）、黄花蒿（*Artemisa annua*）为主。

2.2.2 社会经济概况

吉县占地面积 1777 km²，辖 3 个镇、5 个乡，共 67 个行政村、377 个自然村，总人口达到 11 万人，农业人口为 9.5 万人。吉县作为苹果最佳优生区之一，被命名为"中国苹果之乡"，吉县苹果更是享有"中华名果"的美称，远销美国、澳大利亚等国家。吉县矿产资源丰富，其中已探明的煤炭储量约为 33.45 亿 t，已探明的煤层气储量约为 295.5 亿 m³，分别占预计估量的 1/3。吉县 2020 年公报显示，全年全县国内生产总值达到 24.05 亿元，相比上年上升了 3.6%；规模以上工业增值完成 4.8 亿元，相比上年减少了 8.21%；全年农作物播种面积约为 0.8 万 hm²，相比上年减少了 2.54%；服务业和国内贸易等因新冠肺炎疫情的影响销售额均略有降低。

2.3 蔡家川流域概况

2.3.1 自然概况

（1）地理位置

蔡家川小流域（110°27′E~111°07′E，35°53′N~36°21′N）位于山西省临汾市吉县，距吉县县城 33km，海拔 800~1600m，面积约为 40km²。

（2）气候特征

蔡家川流域气候温和，属大陆性季风气候。根据多年降雨量统计，年最大降雨量为 828.9mm（1956 年），最小年降雨量为 277.7mm（1997 年）。根据降雨等级分类，最常见的降雨类型是小雨，但累积降雨量占总降雨量的比例最小；暴雨数量较少，但累积降雨量占总降雨量的比例最大。

（3）水文和土壤特征

蔡家川流域水系属义亭河一级支流，归昕水河二级支流和黄河三级支流。土壤类型为褐土，黄土母质，土层厚度超过 10m。

（4）地貌和植被特征

蔡家川流域上游为石质山地，中游为黄土丘陵沟壑区。山杨和栎类等天然次生林在流域上游占主导地位；防护林、天然次生林和农田生态系统在中游占主导地位。主要的防护林树种有油松、刺槐、侧柏和华北落叶松（*Larix principis-rupprechtii*）等。主要农作物有玉米（*Zea mays*）、小麦（*Triticum aestivum*）、谷子（*Setaria italica*）、大豆（*Glycine max*）等。

2.3.2　社会经济概况

蔡家川流域原有 14 个自然村，受退耕还林政策和移民政策的影响，部分村庄逐渐废弃。目前，蔡家川总人口约 100 人，人口稠密的村落有闫家社、刘家坡和南北腰，年人均纯收入仅 1000 多元，经济相对落后。该区在县政府大力支持苹果种植政策的影响下，苹果种植面积逐渐增加，村民经济收入不断增长。

第③章　密度控制图研究内容与方法

3.1　研究目标

（1）构建刺槐林木生长规律模型、生物量可加性模型以及最优立木材积模型，为编制刺槐林林分密度控制图提供理论基础和精准数据来源；构建刺槐林木可变密度的生长模型，为乔木层与林下植被生物量权衡提供方法。

（2）解析不同林龄不同密度刺槐林水土保持功能特征，筛选出适宜的水土保持功能指标，结合传统林分密度控制图编制方法，构建功能导向型刺槐林分密度控制图，为刺槐林的生长以及功能进行预估，并为水土保持林的经营管理提供决策工具。

3.2　研究内容

以晋西黄土区不同林龄、不同密度的刺槐林为研究对象，应用生态学、林学、水土保持学、水文学、森林经理学、测树学和土壤学的原理，对刺槐林的生长规律、植被层、枯枝落叶层和土壤层的水文效应、土壤理化性质和坡面产流产沙等特征进行分析，筛选出适宜的水土保持功能指标并结合传统林分密度控制图的编制方法，构建基于水土保持功能导向的刺槐林分密度控制图，为刺槐林的定向调控提供合理有效的决策支持工具。主要研究内容为：

- 林木生长特征分析：通过树干解析，分析林木胸径、树高、材积的生长过程及规律，构建单木生长模型；并基于最优生长模型构建各生长指标的可变密度的生长模型；构建刺槐生物量可加性模型和一元、二元材积方程，为林分生物量和蓄积量的估算提供精准的计算方法，为林分密度控制图的编制提供基础数据。

- 刺槐林水土保持功能特征分析：对不同林龄不同密度刺槐林的水土保持功能（水源涵养功能、土壤保育功能和坡面产流产沙等）特征进行分析，为水土保持各功能的筛选提供理论基础。

- 功能导向型密度控制图的编制：将筛选的各功能指标与乔木层生物量进行关系耦合，通过耦合关系将各功能指标引入林分密度控制图，构建各功能导向的林分密度控制图。

3.3 研究方法

3.3.1 标准样地设置

以晋西黄土区蔡家川小流域为研究区，依据山西省吉县林业局提供的蔡家川小流域林分小班资料和团队前期对蔡家川小流域研究积累的资料，2018—2020 年，在研究区内共选取布设了 85 个 20m×20m 的典型刺槐林样地。该研究区刺槐林多为 1990 年以来中日合作项目和 2000 年以来的退耕还林还草项目所营造，并根据栽植年限和标准木树干解析法得到林分精准林龄，按照行业标准《主要树种龄级与龄组划分》将该研究区的刺槐林划分为 3 个龄组，即近熟林、成熟林和过熟林(表 3-1)。并对该区刺槐林各龄组设置了不同密度梯度标准样地，尽可能地包含所有林分密度，其密度范围主要在 775~2625 株/hm²，对设置的临时标准样地进行详细全面的林分调查，调查内容主要包括植被因子、地形因子和土壤因子以及水土保持功能特征等，其中各样地具体地理位置分布如图 3-1 所示。

表 3-1　刺槐龄组划分表 　　　　　　　　　　　　　　　单位：a

树种	龄组划分				
	幼龄林	中龄林	近熟林	成熟林	过熟林
刺槐	<10	11~15	16~20	21~30	>31

资料来源：摘自行业标准《主要树种龄级与龄组划分》。

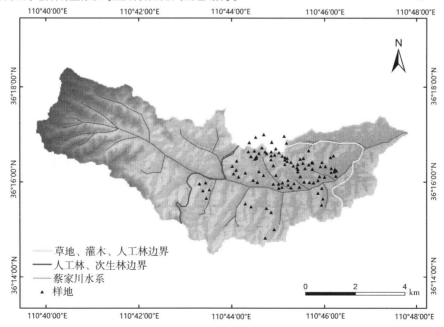

图 3-1　样地具体地理位置分布图

3.3.2 刺槐林植被调查

对每个标准样地内胸径大于 5cm 的刺槐进行每木检尺，其中用标准胸径尺对林木胸径进行测定，用样点法测量郁闭度，用树高仪测定树高和枝下高，通过东西南北走向对样地内每木进行林木冠幅测定，同时测量样地内的株行距，并在每个样地的对角线和中心位置各设置 1 个 5m×5m 的灌木样方和 1 个 1m×1m 的草本样方。另外，调查每个样地内灌木和草本植物的种类、数量、盖度和生物量等常用生态学指标、枯落物的相关指标，并采集植被和土壤样品。

（1）刺槐生长速率的测定

①标准木的选取

布设了 85 个 20m×20m 的刺槐林样地并进行调查，对样地内胸径大于 5cm 的所有树木的胸径和树高进行测量，并依据该区刺槐林胸径和树高的分布状况，共选取 43 株标准木和 3 株优势木作为解析对象。其中，选取的标准木干形圆满通直，无"双头"、偏冠、病虫害等现象（侯贵荣，2020）。

②树干解析

在伐倒标准木之前，需确定根颈和胸径位置，同时确定树木的北向并用喷漆从根颈向胸径方向画出直线。在标准木伐倒之后，测定树高以及由根颈处至第一个死枝、活枝的高度，做好记录，然后去除树枝，并在整个树干上标记北向。将测得树高小于 10m 的按 1m 区分，将树高大于 10m 的按 2m 区分，并采用中央断面区分求积法在各区分段中心位置截取 5cm 厚圆盘（曹祖宁，2008）。测量每段中央直径，并记录梢头长度以及底部直径（孔凌霄，2019；侯贵荣，2020）。将每个解析盘双面刨光，上段面为工作面，用来查数年轮和量测直径；下断面为非工作面，可标注树干的南北方向、样地号、解析木号、圆盘号和断面高等信息。

a. 圆盘年轮的查定

用直尺在刨光的根颈处的圆盘髓心位置分别在东西和南北两个方向上画出两条直径线。并由髓心向外按 3 年一个龄阶用大头针标出各龄阶的位置并并查定年轮数；在其余刨光的圆盘上也分别画出这两条直径线，并由外侧向内侧用大头针确定各龄阶的位置并查定年轮数。

b. 各龄阶直径的测定

用直尺测量每个圆盘东西、南北两条直径线上各龄阶的直径，其两者的平均直径为该龄阶的直径。

c. 各龄阶树高的测定

树龄与各圆盘的年轮的差为林木生长到该断面高所需要的年数（林丽平等，2018）。通过绘制树高生长曲线，可以查出各龄阶的高度，也可以通过内插法按比例算出。

d. 伐倒木材积计算公式

$$V = V_1 + V_2 + V_3 + \cdots + V_n + V_梢$$

$$= g_1 \cdot l + g_2 \cdot l + g_3 \cdot l + \cdots + g_n \cdot l + \frac{1}{3} g_梢 \cdot l_梢 \tag{3-1}$$

$$= l \sum_{i=1}^{n} g_i + \frac{1}{3} g_梢 \cdot l_梢$$

式中：V 为标准木各龄阶的材积（m^3）；$g_梢$ 为标准木梢头底端断面积（m^2）；g_i 为标准木第 i 区分段中央断面积（m^2）；l 为标准木各区分段的长度（m）；$l_梢$ 为标准木梢头的长度。

（2）生物量的测定

①乔木层生物量的测定

本实验选取了 45 株标准木进行解析。其中，在标准木伐倒之后，将刺槐枝、叶、荚果分类收集，分别用天平称其鲜重并做好记录；由于刺槐根系的生长特点是水平生长，没有明显的主根，因此在 2m 深度范围内对根系进行人工挖掘并称重。其中，根据根系直径将其分为三类：大根（直径≥5cm）、中根（直径为 2～5cm）和小根（直径<2cm）；树干根据各区分段，分别称其鲜重并做好记录；然后对刺槐各部分分别取样带回实验室测定其干重，求出含水率，根据含水率分别求算刺槐各部分的干重，即可得到单株刺槐总生物量。通过 45 株标准木的生物量数据，构建刺槐生物量可加性模型。样地内乔木层生物量由式（3-2）可得：

$$乔木层生物量 = \left(\sum_{i=1}^{n} W_乔 \right) (1000 \times S_乔) \tag{3-2}$$

式中：$W_乔$ 为样地内乔木层第 i 株刺槐生物量（t）；$S_乔$ 为乔木层样方面积（m^2）。

②灌木层生物量的测定

为了估算灌木层生物量，本实验共选择了 18 种主要灌木物种、54 株样本植物；将灌木的枝、叶子和根分别收集称其鲜重，以获得整个灌木的鲜重。然后，分别采集 300g 灌木的枝、叶和根的样本，带回实验室后在 85℃ 的烘箱中烘 24h，直至恒重，称其干重。根据不同器官的含水量，计算每个样本植物不同器官的干重。此外，利用所有样本植物的数据，在不区分灌木种类的情况下，建立了生物量与灌木高度和地径组合（$d^2 \cdot h$）之间的回归关系 [式（3-3）]。并通过式（3-4）计算单位面积灌木层生物量（t/hm^2）。

$$W_灌 = a \times (d^2 h)^b \tag{3-3}$$

$$灌木层生物量 = \left(\sum_{i=1}^{n} W_{灌} \right) (1000 \times S_{灌}) \tag{3-4}$$

式中：h 为灌木高度（m）；d 为灌木基茎（cm）；$W_{灌}$ 为样方内第 i 株灌木生物量（t）；$S_{灌}$ 为灌木样方面积（m^2）；a、b 为系数。

③草本层生物量的测定

为了估算草本层生物量，对标准样地内样方为 1m×1m 的所有草本的地上和地下部分进行采集并称其鲜重。然后，取其 300g 样品在 85℃ 下的烘箱中烘 24h，直至恒重，并称其干重。根据其含水量，计算每个样方内草本的干重。使用式（3-5）计算每个样方内的草本植物总生物量（t/hm^2）。

$$草本层生物量 = W_{草}(1000 \times S_{草}) \tag{3-5}$$

式中：$W_{草}$ 为草本层生物量（t）；$S_{草}$ 为草本层样方面积（m^2）。

（3）林下植被多样性的测定

采用重要值来表示物种的优势度，如用 Simpson 多样性指数和 Shannon-Wiener 多样性指数、Hurlbert 均匀度指数和 Margale 丰富度指数来描述林下生物多样性（侯贵荣，2017，2020；崔艳红等，2018）。

$$重要值(IV) = \frac{相对密度 + 相对频度 + 相对盖度}{3} \tag{3-6}$$

Simpson 多样性指数（D）：

$$D = 1 - \sum_{i=1}^{S} P_i^2 \tag{3-7}$$

Shannon-Wiener 多样性指数（H）：

$$H = - \sum_{i=1}^{S} P_i \ln P_i \tag{3-8}$$

Hurlbert（1971）均匀度指数（E）：

$$E = - \frac{H}{H_{max}} = \frac{H}{\ln S} \tag{3-9}$$

Margalef 丰富度指数（R）：

$$R = \frac{S - 1}{\ln N} \tag{3-10}$$

式中：D 和 H 为群落的多样性指数；P_i 为物种 i 的数量百分比，即 $P_i = N_i/N$，其中 N_i 为样方中第 i 种物种的个体数；S 为样方面积群落中植物种数；N 为全部物种的个体总数。

3.3.3 涵养水源功能指标的测定

（1）植被层持水能力的测定

采用浸水法测定植被层的持水能力。其中，乔木层持水能力采用标准枝浸泡法进

行测定。其中，乔木层持水量（W_t）可表示为

$$W_t = W \times n \times N \tag{3-11}$$

式中：W 为标准枝持水量的均值；n 为标准木标准枝的个数；N 为林分密度（株/hm²）。

灌木层持水能力（W_s）通过选取标准灌木进行测定，可表示为

$$W_s = \frac{\sum_{i=1}^{n} (W_i \times n_i)}{s_1} \times 10000 \tag{3-12}$$

式中：W_i 为第 i 种灌木持水能力；n_i 为第 i 种灌木的数目；s_1 为样地面积（m²）。

草本层持水能力测定，运用全收获法将 1m × 1m 草本样方内的草本收割带回实验室称重（W_1），最后将所有样品放入尼龙网浸泡水中至饱和，最后将尼龙网挂起等无水珠滴落时称重（W_2），则草本层持水能力（W_h）表示

$$W_h = \frac{W_2 - W_1}{s_2} \times 10000 \tag{3-13}$$

式中：W_1 为取回的样品鲜重（g）；W_2 为样品浸泡至恒重的质量（g）；s_2 为采样样方面积（m²）。

（2）枯枝落叶层持水能力的测定

在每个标准样地内的坡上、坡中和坡下位置共设置 3 个 30cm×30cm 的小样方，用钢直尺测定枯落物层的厚度，并用全收获法将小样方内的枯落物分为未分解层和半分解层，然后进行收集并带回实验室用精度为 0.01 的天平称其鲜重。

将风干后的未分解层和半分解层的枯落物装入尼龙网袋，浸泡在水中，分别在 0.25h、0.5h、1h、2h、4h、6h、12h 和 24h 时取出网袋控水至不再滴水时称重，并记录。再放入 85℃的烘箱中将浸泡后的枯落物烘干至恒重，进而计算林分枯落物的现存量并对枯落物的持水性能进行测定。其中，各指标的具体计算公式如下（侯贵荣等，2018）：

$$W_0 = M_{24} - M_0 \tag{3-14}$$

$$W_1 = M_1 - M_0 \tag{3-15}$$

$$W_m = \left(\frac{W_0}{M_0} - \frac{W_1}{M_0} \right) \times M \tag{3-16}$$

$$W_e = \left(0.85 \times \frac{W_0}{M_0} - \frac{W_1}{M_0} \right) \times M \tag{3-17}$$

式中：W_0 为枯落物的最大持水量（g）；M_{24} 为浸泡 24h 后的质量（g）；M_0 为烘干后的质量（g）；W_1 为自然含水量（g）；M_1 为枯落物的鲜重（g）；W_m 为最大拦蓄量（t/hm²）；M 为林分枯落物的蓄积量（t/hm²）；W_e 为有效拦蓄量（t/hm²）；0.85 为枯落物有效拦蓄系数。

（3）土壤层持水与入渗能力的测定

①土壤层持水量的测定

通过铝盒、环刀采用烘干法测定土壤各物理指标。首先，在标准样地内挖取 2m 深的剖面，在土层 0~1m 每隔 10cm 用环刀在垂直方向上采集原状土，每层取环刀 3 个，同时取铝盒 3 个；在土层 1~2m，每隔 20cm 用环刀在垂直方向上采集原状土，每层取环刀 3 个，同时取铝盒 3 个。带回室内对土壤的容重、孔隙度和含水量等各指标进行测定。其中，对土壤持水能力的研究主要集中在土层 0~60cm。

$$W_C = 1000 \times P_C \times H \tag{3-18}$$

$$W_O = 1000 \times P_O \times H \tag{3-19}$$

$$W_t = W_C + W_O \tag{3-20}$$

式中：H 为土层厚度（m）；P_C 为毛管孔隙度（%）；W_C 为毛管持水量（t/hm^2）；P_O 为非毛管孔隙度（%）；W_O 为非毛管持水量（t/hm^2）；W_t 为土壤最大持水量（t/hm^2）。

②土壤层入渗能力的测定

在刺槐林的标准样地内，选取 3 处较平整的地段进行双环入渗试验。双环入渗试验选取内外直径分别为 15cm 和 30cm，环高 30cm、厚 2mm（王珊珊等，2020；崔艳红，2021）。测定时在外环与内环之间加入一定量的水（保持外环中的水深）后，在内环中加水 2cm（从钢直尺的刻度判断加水量），当内环中水深下降 1cm 时重新加水至 2cm，并记录下渗 1cm 水所用的时间（min）。当连续多次下渗 1cm 的水所用的时间 t（min）相同则认为土壤已经达到了稳渗（欧国耀，2019；崔艳红等，2020）。

$$f_t = \frac{10}{t} \tag{3-21}$$

式中：f_t 为土壤渗透速率（mm/min）；t 为达到稳渗所用的时间（min）。

3.3.4　土壤保育功能指标的测定

在标准样地（20m×20m）内挖取 2m 深的剖面，在土层 0~1m，每隔 10cm 为一层，在土层 1~2m，每隔 20cm 为一层，并在剖面的每层四个方向各收集 300g 土样，用于土壤化学性质相关指标的测定。其中，将采集的各样地土样带回实验室严格按照实验指导手册将土壤样品进行研磨、过筛、称重、消解等步骤对土样进行浸提处理，选取并测定的土壤化学性质指标包括土壤全氮（TN，g/kg）、全磷（TP，g/kg）和有机质。其中，关于土壤有机质含量的测定采用"重铬酸钾稀释热法"，其他各指标将浸提的土壤样品用全自动化学分析仪［仪器品牌为"SmartChem-200"（AMS-Westco）］进行上机测定。土壤化学性质指标的计算公式具体如下（鲁如坤，1999；中国科学院南京土壤研究所，1978）。

（1）有机质计算公式

$$有机碳(\%) = \dfrac{\dfrac{0.2000 \times 6 \times 10}{V_0} \times (V_0 - V) \times 0.003 \times 1.33}{M_干} \times 100 \qquad (3-22)$$

$$有机质(\%) = 有机碳(\%) \times 1.724 \qquad (3-23)$$

式中：V_0 为空白对照组消耗硫酸亚铁的体积（mL）；V 为实验组土样消耗硫酸亚铁的体积（mL）；$M_干$ 为称取土样的质量（g）。

（2）全氮、全磷含量计算公式

$$W = \dfrac{(c \times V \times 10^{-3}) \times 10^{-3}}{m} \times 100 \qquad (3-24)$$

式中：W 为土壤全氮/磷的质量分数（%）；c 为上机测试结果（mg/L）；V 为定容体积（mL）；m 为土样质量（g）。

3.3.5　坡面产流产沙量的测定

对该研究区刺槐林坡面产流产沙进行研究，其数据主要来源于相关文献和山西吉县站数据集的历史数据。其坡面径流泥沙的观测方法都是通过标准径流小区（20m×5m）法，在径流场下方安装径流收集桶，每次降雨后测量小区的径流量，并同时搅拌，均匀取 1~3 瓶定量样品带回实验室测定取样体积，静置过滤，烘干称重求出平均含沙量，通过含沙量乘以径流量即可得坡面径流小区的产沙量（张晓明，2004；刘艳辉，2007）。

（1）径流量的计算公式

$$V = \sum_{0}^{n} V_i \qquad (3-25)$$

式中：V 为径流体积（mL）；n 为量筒称量次数；V_i 为每次量筒的测定体积（mL）。

（2）泥沙量的计算公式

$$G_{泥沙} = G_{带沙滤纸} - G_{滤纸} \qquad (3-26)$$

$$\alpha = \dfrac{G_{泥沙}}{V_{样品}} \qquad (3-27)$$

$$M_{总} = \alpha \times V_{径流} \qquad (3-28)$$

式中：G 为取样泥沙质量（g）；α 为含沙量（g/mL）；$M_{总}$ 为小区内径流泥沙总质量（g）；$V_{样品}$ 为取样体积（mL）；$V_{径流}$ 为总径流体积（mL）。

3.3.6 功能导向型林分密度控制图编制方法

通过数学建模的方法来拟合刺槐林各功能指标与乔木层生物量之间的耦合关系，进而编制刺槐林多功能目标的系列林分密度控制图，并运用 Origin 软件绘制刺槐林多功能目标的系列林分密度控制图。其中，林分密度控制图的基本组成如下。

（1）等树高线

等树高线是林分密度控制图最主要的一组基础数学模型，是林分优势高与林分密度之间建立的开口向下的二次抛物线。同一林分类型在上层高相同的林分中，单株材积与单株生物量均随林分密度增加而减小，用密度效应二项式表示为

$$v(w) = A_1 - B_1 \times N \qquad (3-29)$$

$$A_1 = a_{11} \times H^{b_{11}} \qquad (3-30)$$

$$B_1 = a_{12} \times H^{b_{12}} \qquad (3-31)$$

$$V(W) = v(w) \times N \qquad (3-32)$$

$$V/W = a_{11} \times H^{b_{11}} \times N - a_{12} \times H^{b_{12}} \times N^2 \qquad (3-33)$$

式中：V 为林分蓄积量（m^3/hm^2）；v 为单株材积（m^3）；W 为林分生物量（t/hm^2）；w 为单株生物量（t）；H 为林分优势高（m）；N 为林分密度（株/hm^2）；A_1、B_1、a_{11}、b_{11}、a_{12}、b_{12} 均为模型参数。

（2）等直径线

等直径线是构建密度控制图另一组重要的基础数学模型。即在上层高相同的林分中，其平均胸径（D）与林分密度（N）也存在密度效应，即随林分密度的增加林分平均胸径变小。其公式表示如下：

$$V(W) = a \times D^b \times N^c \qquad (3-34)$$

式中：V 为林分蓄积量（m^3/hm^2）；W 为林分生物量（t/hm^2）；D 为林分平均胸径（cm）；N 为林分密度（株/hm^2）；a、b、c 均为模型参数。

（3）等疏密度线

疏密度（P）表示林分疏密程度，可用来衡量林木生长所占据生态空间的程度。等疏密度线是指将林分标准蓄积量进行 $0.1\cdots0.9$ 和 1.0 等分，通过与最大密度线相结合的曲线组，其公式可由等树高线推到出来，具体如下：

$$K_3 = \frac{b_{11}}{b_{12} - b_{11}} \qquad (3-35)$$

$$K_p = \frac{a_{11}}{2 \times \left[1 - \sqrt{(1-p)} \right]} \times \left\{ \frac{a_{11}}{a_{12}} \times \left(1 - \frac{p}{2 \times \left(1 - \sqrt{(1-p)} \right)} \right) \right\}^{K_3} \qquad (3-36)$$

$$V(W) = K_p \times N^{1-K_3} \qquad (3-37)$$

式中：V 为林分蓄积量（m^3/hm^2）；W 为林分生物量（t/hm^2）；N 为林分密度（株/hm^2）；p 为疏密度；a_{11}、b_{11}、a_{12}、b_{12}、K_3、K_p 均为模型参数。

（4）最大密度线

最大密度线即疏密度 $P=1$ 时的曲线，具体公式如下：

$$V(W) = K_{p=1.0} \times N^{1-K_3} \tag{3-38}$$

（5）自然稀疏线

自然稀疏是指林木在生长过程中，因林木之间的竞争出现林木分化现象，即林分内活立木随生长而逐渐减少的现象。在自然稀疏过程中，平均单株材积或平均单株生物量随林分密度的减少而增大的规律，可用密度效应倒二项式表示：

$$K_4 = \frac{a_{11}}{2} \times \left(\frac{a_{11}}{2 \times a_{12}} \right)^{K_3} \tag{3-39}$$

$$K_5 = K_4 \times (K_3 - 1) \times \left(\frac{K_3 - 1}{K_3} \right)^{-K_3} \tag{3-40}$$

$$V(W) = K_5 \times (N_0 - N) \times N_0^{-K_3} \tag{3-41}$$

式中：V 为林分蓄积量（m^3/hm^2）；W 为林分生物量（t/hm^2）；N 为林分密度（株/hm^2）；K_3、K_4、K_5、N_0、a_{11}、a_{12} 均为参数。

3.4　功能导向型林分密度控制图研究思路

开展功能导向型刺槐林林分密度控制图研究的思路如图 3-2 所示，内容主要包括 3 个方面：刺槐林分调查及野外实验、功能指标选取及相关模型构建；各功能导向型林分密度控制图编制及应用。具体以晋西黄土区不同林龄不同林分密度的刺槐林为研究对象，通过文献研究、资料分析、野外调查、相关室内外实验等，对刺槐林木生长规律及植被层、枯落物层和土壤层的水文效应、土壤理化性质和坡面产流产沙等特征进行分析，筛选出适宜的水土保持功能指标，构建林木生长模型及林分密度与各测数因子及功能指标之间的关系模型，进而编制功能导向型林分密度控制图，为刺槐林的定向调控提供合理有效的决策支持工具。

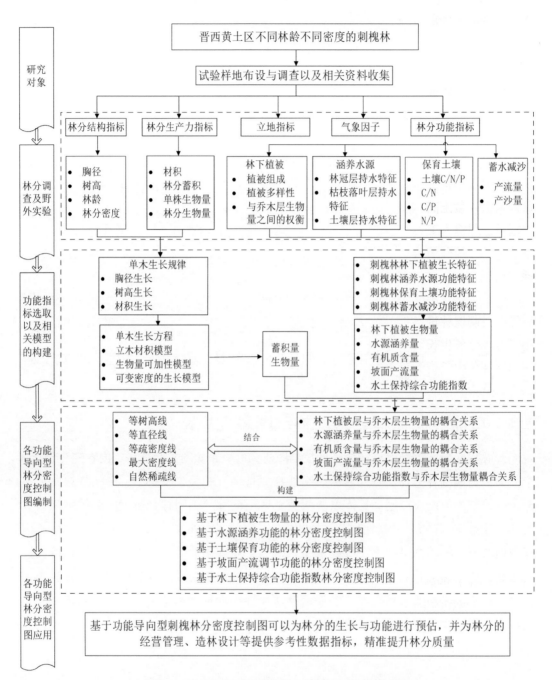

图 3-2 功能导向型刺槐林林分密度控制图研究思路

第 ④ 章 刺槐林木生长规律及模型构建

刺槐是一种喜光、中型的阔叶先锋树种，能够适应不同的气候环境，其木材性质优良，耐干旱贫瘠，具有固氮作用。因此，20 世纪 50 年代，刺槐作为重要的水土保持树种被引入黄土高原进行大量栽植。在广泛实施"三北"防护林工程和退耕还林还草工程后，刺槐人工林的栽植面积更是大幅度增加（吴多洋等，2017）。但因以增加植被覆盖为导向的种植方式使得造林密度过大、导致对土壤肥力竞争激烈、水资源过度消耗、土壤水分亏缺、土壤干层、林分功能低下等问题接踵而来。

开展晋西黄土区刺槐林功能导向型林分密度控制图的编制研究，目的在于以功能为导向对刺槐林进行功能预估、定向调控，精准提升林分质量。而林分密度控制图主要是将林分各生长因子与林分密度之间进行数学模型的拟合，并以图形的方式直观地表达出林分生长指标与林分密度之间的关系。因此，对刺槐林各因子的生长过程和特征进行分析，是构建刺槐林功能导向型林分密度控制图的基础。

本章节选取不同林分密度的刺槐林标准木进行树干解析，旨在探讨林木各项生长指标的生长规律，了解刺槐胸径、树高和材积的生长过程和特征，构建刺槐单木生长模型，并对影响刺槐生长的各因素进行分析。同时构建刺槐生物量可加性模型和蓄积量模型，为编制林分密度控制图提供数据支撑。

4.1 刺槐林木生长规律

选择以相同立地条件下不同林分密度（900 株/hm²、1350 株/hm²、1800 株/hm² 和 2500 株/hm²）的刺槐林为例，对其标准木进行树干解析，探究不同林分密度条件下刺槐胸径、树高和材积的生长规律。其中，不同林分密度条件下刺槐的生长情况如表 4-1 所示。

表 4-1 不同林分密度条件下刺槐的生长状况

林分密度/	林龄/	样地数/	生长量平均值			立地条件
（株/hm²）	a	个	胸径/cm	树高/m	去皮材积/（×10⁻³m³）	
900	27	3	12.0±3.2a	9.4±1.9a	52.70±24.31a	半阴半阳坡
1350	27	4	10.3±1.1ab	9.1±1.0ab	39.09±9.07ab	半阴半阳坡
1800	27	4	10.0±1.6ab	8.7±1.4ab	34.59±12.72ab	半阴半阳坡
2500	26	3	8.8±0.8b	8.3±1.0b	25.92±5.46b	半阴半阳坡

注：a、b 表示各林分密度之间的差异显著性（$P<0.05$）。

4.1.1 胸径生长规律

由图 4-1 可知，刺槐林胸径的生长在幼龄时期（<10a）受林分密度的影响较大。其中，当林分密度为 900 株/hm² 时，胸径在 3~9a 生长较为迅速，其平均生长量和连年生长量均在第 6 年达到高峰，分别为 0.88cm 和 1.03cm，其后逐年减小，在第 9 年胸径总生长量达到 6.90cm；当林分密度为 1350 株/hm² 时，胸径在 3~9a 生长也较为迅速，其平均生长量和连年生长量均在第 6 年达到高峰，分别为 0.8cm 和 1.60cm，其后逐年减小，在第 9 年其总生长量达到 5.90cm；当林分密度为 1800 株/hm² 时，胸径在 3~9a 生长较为迅速，其平均生长量在第 9 年达到高峰为 0.49cm，连年生长量在第 6 年达到最大值 0.67cm，其后逐年减小，在第 9 年胸径总生长量达到 4.40cm；当林分密度为 2500 株/hm² 时，胸径在 3~9a 生长较为缓慢，其平均生长量和连年生长量均在第 14 年才达到高峰分别为 0.38cm 和 0.53cm，其后逐年减小，在第 9 年胸径总生长量达到 2.55cm。林分密度为 900~1800 株/hm² 的刺槐胸径总生长量从中龄到成熟（11~27a）相比幼龄阶段均表现出缓慢生长，其不同密度刺槐林胸径的总生量随林龄的增加，表现为：900 株/hm²>1350 株/hm²>1800 株/hm²>2500 株/hm²。

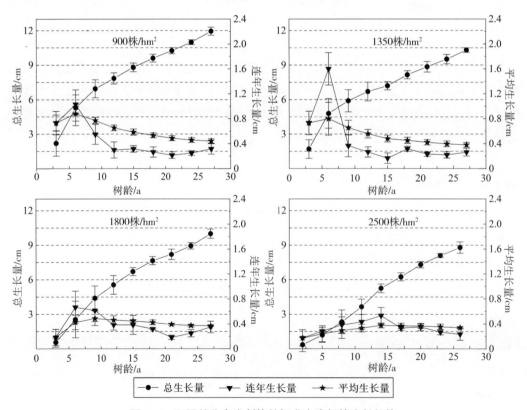

图 4-1　不同林分密度刺槐林标准木胸径的生长规律

4.1.2 树高生长规律

由图 4-2 可知，不同林分密度刺槐林树高的连年生长量和平均生长量在生长初期随林木年龄的增加而增加，其树高连年生长量达到高峰之后，开始呈波动式减小；平均生长量达到高峰之后，开始一直保持缓慢的减小趋势。刺槐林树高连年生长量和平均生长量的高峰一般发生在幼龄期第 3～6 年，在平均生长量与连年生长量相交后，其平均生长量的值一直大于连年生长量。不同密度的刺槐林，其平均生长量随林分密度的增加而减小，这是因为在林分土壤的养分和水分等自然条件一定的条件下，随林分密度的增加，土壤中的水分或养分等条件难以充分满足林木生长所需，使得林木之间的竞争加剧，影响树高生长。其不同林分密度刺槐林树高的总生长量随林龄的增加其表现为：900 株/hm²>1350 株/hm²>1800 株/hm²>2500 株/hm²。在林分密度为 2500 株/hm² 时，树高的连年生长量变化起伏较大，且与平均生长量出现多次相交的现象，表明高林分密度条件下，刺槐在生长过程中更易受环境或其他生物因素的影响，比如降水、极端天气抚育间伐等措施。

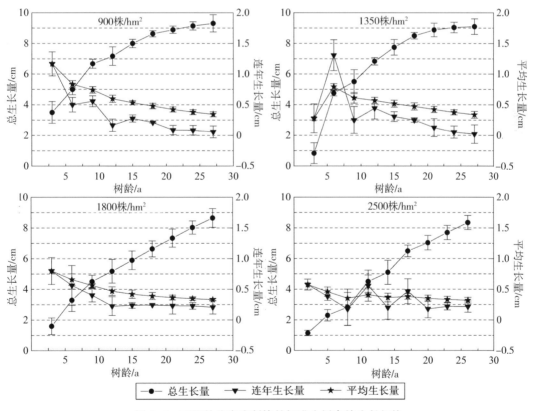

图 4-2　不同林分密度刺槐林标准木树高的生长规律

4.1.3 材积生长规律

由图4-3可知,不同林分密度刺槐林单木材积的连年生长量始终大于平均生长量,连年生长量和平均生长量总体保持着随林龄的增加而增加的趋势。其中,不同密度刺槐林的连年生长量随林木年龄的增加呈波动式增加的趋势,且在第21年林分密度为900株/hm² 和1800株/hm² 时连年生长量等于平均生长量,而对材积来讲,此相交的林龄即为成熟林龄(21a)。从不同密度林分的单木材积生长过程曲线可以看出,4种密度的材积生长过程基本相似,但其平均生长量差异显著($P<0.05$),这可能与密度的增加有关,由于水分、养分等条件的制约,当林分密度增加时其材积生长量逐渐小于低密度林分。从图4-3可以看出,不同密度刺槐林单木连年生长量的变动幅度较大,且出现多个折点,相比较而言,刺槐材积的平均生长量一直保持一个相对平稳的增长趋势。

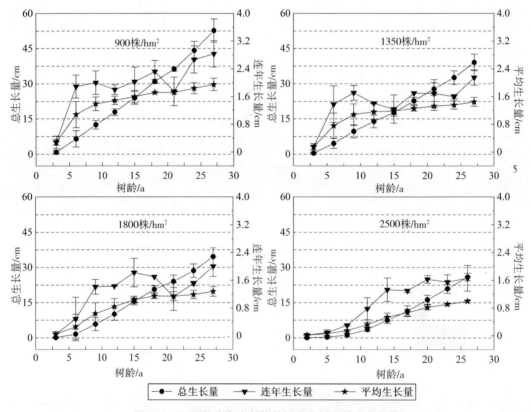

图4-3 不同林分密度刺槐林标准木材积的生长规律

4.2 影响刺槐生长的因素分析

4.2.1 立地条件和林分结构因子对刺槐生长的影响

将刺槐各生长指标（平均胸径、平均树高和材积）与林分结构因子（林龄、林分密度）和立地条件（坡度、坡向、坡位和海拔）进行相关性分析，由图 4-4 可知，刺槐平均胸径与林龄呈极显著正相关关系（$r=0.38$），即刺槐平均胸径随林龄的增加而增大；与林分密度呈极显著负相关关系（$r=-0.50$），即刺槐胸径随林分密度的增大而减小。刺槐平均树高与林分密度呈极显著负相关关系（$r=-0.51$），即刺槐平均树高随林分密度的增加而减小。刺槐单株材积与林龄呈显著正相关关系（$r=0.25$），即刺槐单株材积随林龄的增加而增大；与林分密度呈极显著负相关关系（$r=-0.52$），即刺槐单株材积随林分密度的增大而减小。

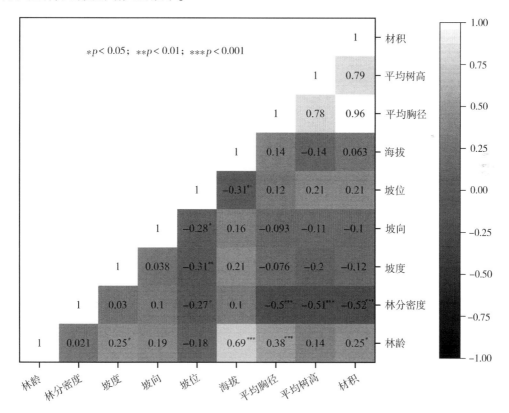

图 4-4　立地条件及林分结构因子与刺槐生长指标之间的相关性分析

将刺槐平均胸径、树高和单株材积分别与各影响因子进行多元逐步回归，得到以下回归方程：

$$D = 10.974 + 0.149 X_1 - 0.002 X_2 \qquad\qquad R^2 = 0.635 \qquad\qquad (4-1)$$

$$H = 10.786 - 0.001X_2 \qquad\qquad R^2 = 0.506 \qquad (4-2)$$

$$V = 56.629 + 0.846X_1 - 0.022X_2 \qquad R^2 = 0.597 \qquad (4-3)$$

式中：D 为胸径（cm）；H 为树高（m）；V 为单株材积（$10^3 \mathrm{m}^3$）；X_1 为林龄（a）；X_2 为林分密度（株/hm²）。

4.2.2 气象因子对刺槐生长的影响

刺槐林在整个生长过程中，除了受林分密度、林龄的影响外还受气象因素的影响，因为气象因子对其生长也产生一定的影响，故选用同龄的解析木资料 1993—2019 年连年生长量数据及生长同期的气象资料，进行灰色关联度分析。在此分析中，共选用了 9 个主要气象因子：年均温、1 月均温、7 月均温、年均相对湿度、年降水量、7~9 月降水量、蒸发量、年均风速和日照时数。各气象资料见表 4-2。

表 4-2 气象因子统计表

林龄/ a	年均温/ ℃	1月均温/ ℃	7月均温/ ℃	年均相对湿度/ %	年降水量/ mm	7~9月降水量/ mm	蒸发量/ mm	年均风速/ (m/s)	日照时数/ h
3	10.6	-5.3	24.7	54.3	423.4	287.3	2241.7	1.6	2533.3
4	9.8	-5.2	23.2	60.4	561.5	242.9	1816.6	1.5	2240.0
5	11.3	-4.5	25.3	55.5	277.6	177.3	2461.7	1.6	2489.8
6	11.5	-5.7	23.8	61.0	527.0	309.8	1851.5	1.6	2434.0
7	11.5	-3.3	23.9	56.7	402.7	152.9	2081.2	1.7	2480.3
8	10.9	-6.5	24.3	60.8	489.8	227.5	1812.9	1.8	2238.0
9	11.3	-3.3	25.1	60.8	448.9	302.7	1985.5	1.7	2283.0
10	11.4	3.0	25.2	61.0	436.0	216.7	1613.2	1.7	2316.1
11	10.5	-5.3	23.1	67.8	685.9	423.2	2537.8	1.5	2019.1
12	10.8	-4.4	23.3	60.7	342.3	177.4	1266.5	1.6	2295.8
13	10.9	-6.4	25.3	57.5	493.4	314.8	1825.6	1.6	2370.6
14	11.6	-4.1	25.1	63.9	512.0	321.4	1894.4	1.6	2162.4
15	11.3	-3.9	23.0	60.1	463.7	261.0	1715.7	1.6	2140.8
16	10.3	-7.0	24.3	58.2	555.1	328.1	2053.9	1.6	2191.5
17	10.7	-5.2	24.2	59.8	608.8	284.9	2252.6	1.6	2130.3
18	11.0	-3.3	24.5	51.4	363.3	226.9	1344.2	1.8	2270.5
19	10.4	-9.1	23.6	55.4	654.2	440.1	2420.5	1.7	2086.3
20	10.2	-5.1	24.2	55.5	409.2	253.9	1514.0	1.7	1983.8
21	11.6	-3.8	23.7	53.0	596.3	411.9	2206.3	1.8	2207.0
22	10.8	-2.3	23.8	61.6	672.4	395.1	2487.9	1.9	2134.2

（续表）

林龄/ a	年均温/ ℃	1月 均温/ ℃	7月 均温/ ℃	年均相对 湿度/ %	年降 水量/ mm	7~9月 降水量/ mm	蒸发量/ mm	年均 风速/ （m/s）	日照 时数/ h
23	11.2	−2.6	23.8	60.5	377.1	138.5	1395.3	1.9	2136.5
24	11.3	−5.2	24.1	58.8	548.3	251.3	2028.7	2.0	1984.0
25	11.3	−2.2	25.6	61.0	643.0	316.9	2379.1	2.0	2118.6
26	11.1	−5.4	24.5	59.5	498.2	317.5	1843.3	2.0	2219.2
27	11.1	−4.0	25.0	58.0	477.7	286.5	1767.5	2.1	2107.7
最大值	11.6	3.0	25.6	67.8	685.9	440.1	2537.8	2.1	2533.3
最小值	9.8	−9.1	23	51.4	277.6	138.5	1266.5	1.5	1983.8
平均值	11.0	−4.4	24.3	59.0	498.7	282.7	1951.9	1.7	2222.9
标准差	0.5	2.2	0.8	3.5	108.0	80.7	364.6	0.2	152.0
变异系数/%	4.4	−49.9	3.1	6.0	21.7	28.5	18.7	9.8	6.8

（1）灰色关联度分析具体步骤

①数据标准化处理

用各个气象指标的原始数据减去同一指标的平均值后再除以同一指标的标准差即得到均值为 0、方差为 1 的无量纲标准化新序列：

$$X_{ij} = \frac{X_i - X_j}{S_j} \tag{4-4}$$

式中：X_{ij} 为数据标准化结果；X_i 为原始数据；X_j 为同一指标的平均值；S_j 为同一指标的标准差。

②计算绝对差值

计算刺槐生长指标与各气象指标标准化数据的绝对差，找出最大绝对差与最小绝对差。

$$\Delta_i(k) = |X_0(k) - X_i(k)| \tag{4-5}$$

③计算关联系数

关联系数＝（最小绝对差＋最大绝对差）／（各绝对差＋0.5×最大绝对差），ρ 为分辨系数，且 $\rho = 0.5$，公式表示为

$$L_i(k) = \frac{\Delta_{min} + \rho\Delta_{max}}{\Delta_i(k) + \rho\Delta_{max}} \tag{4-6}$$

④求关联度

各个子序列所有关联系数的平均值为该序列（性状）与母序列（产量）的关联度，公式表示为

$$r_i = \frac{1}{k}\sum_{k=1}^{n} L_i(k) \tag{4-7}$$

（2）刺槐各生长指标与气象因子的灰色关联度分析

①气象因子对刺槐胸径生长的影响

由于各气象指标的量纲不同，因此在统计分析时，需要对原始数据进行无量纲的标准化处理，处理结果见表4-3。根据表4-3得到各气象因子与刺槐胸径的绝对差值，见表4-4。

表4-3　数据标准化处理结果

林龄/a	年均温	1月均温	7月均温	年均相对湿度	年降水量	7~9月降水量	蒸发量	年均风速	日照时数	胸径
3	−0.884	−0.420	0.590	−1.328	−0.697	0.058	0.795	−0.773	2.042	−0.697
4	−2.361	−0.347	−1.492	0.422	0.581	−0.493	−0.371	−1.155	0.112	0.370
5	0.626	−0.051	1.363	−0.980	−2.047	−1.306	1.398	−0.739	1.755	1.829
6	1.097	−0.604	−0.598	0.567	0.262	0.336	−0.275	−0.801	1.388	3.169
7	1.052	0.525	−0.490	−0.631	−0.889	−1.608	0.355	−0.296	1.693	1.692
8	−0.175	−0.966	0.074	0.529	−0.083	−0.684	−0.383	0.287	0.099	1.077
9	0.569	0.507	1.150	0.536	−0.461	0.248	0.092	0.154	0.395	0.606
10	0.739	3.367	1.207	0.647	−0.581	−0.818	−0.929	0.139	0.613	0.606
11	−1.077	−0.403	−1.505	2.517	1.733	1.742	1.607	−1.589	−1.341	0.151
12	−0.376	−0.010	−1.288	0.485	−1.448	−1.305	−1.880	−0.749	0.479	−0.403
13	−0.155	−0.904	1.437	−0.398	−0.049	0.398	−0.346	−0.662	0.971	−0.403
14	1.169	0.133	1.094	1.410	0.123	0.480	−0.158	−0.838	−0.398	−0.284
15	0.561	0.231	−1.636	0.333	−0.324	−0.268	−0.648	−0.861	−0.540	−0.697
16	−1.447	−1.160	0.031	−0.222	0.522	0.563	0.280	−0.527	−0.207	−0.697
17	−0.555	−0.373	−0.030	0.241	1.019	0.028	0.825	−0.836	−0.609	−0.445
18	0.102	0.496	0.287	−2.141	−1.254	−0.691	−1.667	0.218	0.313	−0.277
19	−1.187	−2.149	−0.859	−1.013	1.440	1.951	1.286	−0.140	−0.899	−0.395
20	−1.677	−0.307	−0.152	−0.873	−0.829	−0.356	−1.201	−0.172	−1.573	−0.609
16	−1.447	−1.160	0.031	−0.222	0.522	0.563	0.280	−0.527	−0.207	−0.697
17	−0.555	−0.373	−0.030	0.241	1.019	0.028	0.825	−0.836	−0.609	−0.445
18	0.102	0.496	0.287	−2.141	−1.254	−0.691	−1.667	0.218	0.313	−0.277
19	−1.187	−2.149	−0.859	−1.013	1.440	1.951	1.286	−0.140	−0.899	−0.395
20	−1.677	−0.307	−0.152	−0.873	−0.829	−0.356	−1.201	−0.172	−1.573	−0.609
21	1.346	0.266	−0.746	−1.703	0.904	1.602	0.698	0.307	−0.105	−0.739
22	−0.473	0.951	−0.625	0.738	1.608	1.394	1.470	0.959	−0.583	−0.708
23	0.457	0.819	−0.603	0.435	−1.126	−1.787	−1.527	1.295	−0.568	−0.691
24	0.667	−0.356	−0.212	−0.050	0.459	−0.389	0.211	1.517	−1.571	−0.613
25	0.581	1.022	1.753	0.591	1.336	0.424	1.172	1.445	−0.686	−0.613
26	0.255	−0.441	0.261	0.160	−0.005	0.432	−0.298	1.550	−0.024	−0.613
27	1.145	0.172	0.990	−0.272	−0.195	0.048	−0.506	2.267	−0.758	−0.613

表 4-4　气象指标与刺槐胸径的绝对差值

林龄/a	年均温	1月均温	7月均温	年均相对湿度	年降水量	7~9月降水量	蒸发量	年均风速	日照时数
3	0.187	0.277	1.288	0.631	0.000	0.755	1.492	0.075	2.739
4	2.731	0.717	1.862	0.052	0.211	0.863	0.741	1.525	0.258
5	1.203	1.880	0.466	2.809	3.876	3.135	0.431	2.568	0.074
6	2.072	3.773	3.768	2.602	2.907	2.833	3.444	3.970	1.781
7	0.641	1.167	2.182	2.323	2.581	3.301	1.338	1.988	0.001
8	1.251	2.042	1.003	0.548	1.159	1.760	1.460	0.790	0.977
9	0.036	0.098	0.545	0.070	1.067	0.357	0.513	0.451	0.210
10	0.133	2.761	0.601	0.042	1.186	1.423	1.535	0.466	0.007
11	1.228	0.554	1.656	2.366	1.582	1.591	1.456	1.740	1.492
12	0.027	0.393	0.885	0.888	1.045	0.902	1.477	0.346	0.883
13	0.248	0.501	1.840	0.005	0.354	0.801	0.057	0.259	1.374
14	1.454	0.417	1.378	1.695	0.407	0.765	0.127	0.554	0.114
15	1.258	0.928	0.938	1.030	0.373	0.429	0.049	0.164	0.157
16	0.749	0.462	0.728	0.475	1.219	1.261	0.977	0.170	0.491
17	0.110	0.072	0.415	0.686	1.464	0.473	1.270	0.391	0.164
18	0.379	0.773	0.564	1.864	0.977	0.414	1.390	0.495	0.590
19	0.792	1.754	0.464	0.618	1.834	2.346	1.680	0.255	0.504
20	1.068	0.302	0.458	0.264	0.220	0.253	0.592	0.437	0.964
21	2.086	1.006	0.007	0.963	1.643	2.341	1.437	1.046	0.635
22	0.235	1.659	0.083	1.445	2.316	2.101	2.178	1.667	0.124
23	1.148	1.510	0.088	1.126	0.435	1.096	0.836	1.986	0.123
24	1.280	0.258	0.401	0.563	1.072	0.225	0.824	2.130	0.958
25	1.194	1.635	2.367	1.204	1.949	1.038	1.785	2.058	0.073
26	0.868	0.172	0.874	0.774	0.608	1.045	0.316	2.163	0.589
27	1.758	0.785	1.603	0.342	0.419	0.661	0.107	2.881	0.145

　　根据灰色理论公式得出各气象因子与刺槐胸径生长的关联系数和关联度，结果见表 4-5 和表 4-6，从表 4-5 可以看出，刺槐胸径的生长与各气象因子的关联系数各不相同。从表 4-16 可知，各气象因子对刺槐胸径生长的关联度排序依次为日照时数（0.749）>1 月均温（0.723）>年均风速（0.703）>7~9 月降水量（0.692）>7 月均温（0.689）>蒸发量（0.673）>年降水量（0.659）>年均温（0.654）>年均相对湿度（0.646）。

表 4-5 气象指标与刺槐胸径的关联系数

林龄/a	年均温	1月均温	7月均温	年均相对湿度	年降水量	7~9月降水量	蒸发量	年均风速	日照时数
3	0.897	0.905	0.596	0.692	1.000	0.780	0.551	1.000	0.333
4	0.340	0.752	0.505	0.968	0.902	0.746	0.719	0.587	0.842
5	0.542	0.520	0.805	0.334	0.333	0.392	0.823	0.453	0.949
6	0.405	0.346	0.335	0.352	0.400	0.418	0.343	0.346	0.435
7	0.694	0.641	0.465	0.378	0.429	0.379	0.579	0.519	1.000
8	0.532	0.498	0.655	0.722	0.626	0.550	0.557	0.743	0.584
9	0.993	0.987	0.778	0.956	0.645	0.934	0.792	0.846	0.867
10	0.929	0.421	0.761	0.974	0.620	0.610	0.544	0.841	0.995
11	0.537	0.803	0.534	0.374	0.551	0.578	0.557	0.553	0.479
12	1.000	0.859	0.683	0.615	0.650	0.735	0.554	0.884	0.608
13	0.863	0.820	0.508	1.000	0.846	0.765	0.996	0.918	0.499
14	0.494	0.850	0.580	0.455	0.826	0.776	0.958	0.812	0.924
15	0.531	0.696	0.670	0.579	0.839	0.902	1.000	0.959	0.897
16	0.658	0.834	0.724	0.750	0.614	0.644	0.656	0.956	0.737
17	0.943	1.000	0.822	0.674	0.570	0.883	0.592	0.867	0.893
18	0.798	0.736	0.772	0.431	0.665	0.908	0.569	0.831	0.699
19	0.645	0.538	0.805	0.697	0.514	0.469	0.521	0.920	0.731
20	0.572	0.895	0.807	0.845	0.898	0.985	0.766	0.851	0.587
21	0.403	0.677	1.000	0.595	0.541	0.470	0.561	0.680	0.684
22	0.870	0.552	0.961	0.494	0.456	0.500	0.454	0.564	0.917
23	0.554	0.577	0.959	0.557	0.817	0.683	0.693	0.519	0.918
24	0.526	0.913	0.827	0.716	0.644	1.000	0.696	0.501	0.589
25	0.544	0.556	0.445	0.540	0.499	0.698	0.505	0.510	0.950
26	0.623	0.951	0.686	0.647	0.761	0.696	0.869	0.497	0.700
27	0.446	0.733	0.542	0.807	0.822	0.811	0.968	0.423	0.905

表 4-6 气象指标与刺槐胸径生长的关联度

各气象指标	年均温	1月均温	7月均温	年均相对湿度	年降水量	7~9月降水量	蒸发量	年均风速	日照时数
关联度	0.654	0.723	0.689	0.646	0.659	0.692	0.673	0.703	0.749
排序	8	2	5	9	7	4	6	3	1

②气象因子对刺槐树高生长的影响

对原始数据进行无量纲的标准化处理，处理结果如表 4-7 所示。根据表 4-7 得到各气象因子与刺槐树高的绝对差值，见表4-8。

表4-7　数据标准化处理结果

林龄/a	年均温	1月均温	7月均温	年均相对湿度	年降水量	7~9月降水量	蒸发量	年均风速	日照时数	树高
3	-0.884	-0.420	0.590	-1.328	-0.697	0.058	0.795	-0.773	2.042	0.568
4	-2.361	-0.347	-1.492	0.422	0.581	-0.493	-0.371	-1.155	0.112	0.615
5	0.626	-0.051	1.363	-0.980	-2.047	-1.306	1.398	-0.739	1.755	0.813
6	1.097	-0.604	-0.598	0.567	0.262	0.336	-0.275	-0.801	1.388	0.916
7	1.052	0.525	-0.490	-0.631	-0.889	-1.608	0.355	-0.296	1.693	0.799
8	-0.175	-0.966	0.074	0.529	-0.083	-0.684	-0.383	0.287	0.099	0.644
9	0.569	0.507	1.150	0.536	-0.461	0.248	0.092	0.154	0.395	0.566
10	0.739	3.367	1.207	0.647	-0.581	-0.818	-0.929	0.139	0.613	0.496
11	-1.077	-0.403	-1.505	2.517	1.733	1.742	1.607	-1.589	-1.341	0.414
12	-0.376	-0.010	-1.288	0.485	-1.448	-1.305	-1.880	-0.749	0.479	0.383
13	-0.155	-0.904	1.437	-0.398	-0.049	0.398	-0.346	-0.662	0.971	0.341
14	1.169	0.133	1.094	1.410	0.123	0.480	-0.158	-0.838	-0.398	0.301
15	0.561	0.231	-1.636	0.333	-0.324	-0.268	-0.648	-0.861	-0.540	0.289
16	-1.447	-1.160	0.031	-0.222	0.522	0.563	0.280	-0.527	-0.207	0.699
17	-0.555	-0.373	-0.030	0.241	1.019	0.028	0.825	-0.836	-0.609	0.253
18	0.102	0.496	0.287	-2.141	-1.254	-0.691	-1.667	0.218	0.313	0.249
19	-1.187	-2.149	-0.859	-1.013	1.440	1.951	1.286	-0.140	-0.899	0.203
20	-1.677	-0.307	-0.152	-0.873	-0.829	-0.356	-1.201	-0.172	-1.573	0.156
21	1.346	0.266	-0.746	-1.703	0.904	1.602	0.698	0.307	-0.105	0.127
22	-0.473	0.951	-0.625	0.738	1.608	1.394	1.470	0.959	-0.583	0.138
23	0.457	0.819	-0.603	0.435	-1.126	-1.787	-1.527	1.295	-0.568	0.146
24	0.667	-0.356	-0.212	-0.050	0.459	-0.389	0.211	1.517	-1.571	0.146
25	0.581	1.022	1.753	0.591	1.336	0.424	1.172	1.445	-0.686	0.146
26	0.255	-0.441	0.261	0.160	-0.005	0.432	-0.298	1.550	-0.024	0.147
27	1.145	0.172	0.990	-0.272	-0.195	0.048	-0.506	2.267	-0.758	0.147

表4-8　气象指标与刺槐树高的绝对差值

林龄/a	年均温	1月均温	7月均温	年均相对湿度	年降水量	7~9月降水量	蒸发量	年均风速	日照时数
3	1.409	0.946	0.065	1.854	1.223	0.468	0.269	1.298	1.516
4	3.067	1.053	2.198	0.285	0.125	1.199	1.077	1.861	0.594
5	0.828	1.506	0.092	2.435	3.502	2.761	0.056	2.194	0.301

（续表）

林龄/a	年均温	1月均温	7月均温	年均相对湿度	年降水量	7~9月降水量	蒸发量	年均风速	日照时数
6	0.744	2.445	2.440	1.274	1.579	1.505	2.116	2.642	0.453
7	0.347	0.873	1.889	2.030	2.287	3.007	1.044	1.694	0.294
8	0.987	1.778	0.738	0.284	0.895	1.496	1.195	0.525	0.713
9	0.052	0.01	0.633	0.018	0.978	0.269	0.425	0.363	0.122
10	0.484	3.112	0.952	0.393	0.835	1.072	1.184	0.115	0.358
11	1.019	0.345	1.448	2.575	1.791	1.800	1.665	1.531	1.283
12	0.205	0.162	1.116	0.657	1.276	1.133	1.708	0.577	0.651
13	0.176	0.573	1.768	0.067	0.282	0.730	0.015	0.331	1.303
14	1.652	0.615	1.576	1.893	0.605	0.962	0.324	0.356	0.084
15	1.090	0.760	1.106	0.862	0.205	0.261	0.119	0.332	0.011
16	2.468	2.181	0.99	1.243	0.499	0.458	0.741	1.548	1.228
17	0.108	0.29	0.633	0.904	1.682	0.691	1.488	0.173	0.054
18	0.783	1.176	0.967	1.461	0.573	0.011	0.986	0.898	0.993
19	0.334	1.296	0.006	0.160	2.292	2.804	2.138	0.713	0.046
20	0.646	0.724	0.880	0.158	0.202	0.675	0.17	0.859	0.542
21	2.489	1.409	0.397	0.560	2.046	2.745	1.841	1.449	1.038
22	0.629	2.053	0.477	1.839	2.710	2.495	2.572	2.061	0.518
23	1.529	1.890	0.468	1.507	0.055	0.716	0.455	2.367	0.503
15	1.090	0.760	1.106	0.862	0.205	0.261	0.119	0.332	0.011
16	2.468	2.181	0.99	1.243	0.499	0.458	0.741	1.548	1.228
17	0.108	0.29	0.633	0.904	1.682	0.691	1.488	0.173	0.054
18	0.783	1.176	0.967	1.461	0.573	0.011	0.986	0.898	0.993
19	0.334	1.296	0.006	0.160	2.292	2.804	2.138	0.713	0.046
20	0.646	0.724	0.880	0.158	0.202	0.675	0.17	0.859	0.542
21	2.489	1.409	0.397	0.560	2.046	2.745	1.841	1.449	1.038
22	0.629	2.053	0.477	1.839	2.710	2.495	2.572	2.061	0.518
23	1.529	1.890	0.468	1.507	0.055	0.716	0.455	2.367	0.503
24	1.738	0.716	0.859	1.021	1.53	0.683	1.282	2.589	0.500
25	1.652	2.093	2.825	1.663	2.407	1.496	2.243	2.516	0.385
26	1.322	0.626	1.328	1.227	1.062	1.499	0.769	2.617	1.043
27	2.212	1.239	2.057	0.796	0.873	1.115	0.561	3.335	0.309

　　根据灰色理论公式得出各气象因子与刺槐树高生长的关联系数（表4-9）和关联度（表4-10）。从表4-9可以看出，刺槐树高的生长与各气象因子的关联系数各不相

同。通过分析影响刺槐树高生长的因素的关联度（表4-10）。可知，影响刺槐树高生长的主要影响因素为日照时数（0.730）、7~9月降水量（0.693）、蒸发量（0.685）和1月均温（0.674）。这4个气象因素之间存在一定的相关性，且基本上都与水分条件密切相关。可以说，水分条件是影响该区刺槐生长的重要因素。

表4-9 气象指标与刺槐树高生长的关联系数

林龄/a	年均温	1月均温	7月均温	年均相对湿度	年降水量	7~9月降水量	蒸发量	年均风速	日照时数
3	0.502	0.691	0.970	0.433	0.613	0.885	0.890	0.628	0.475
4	0.314	0.666	0.463	0.834	0.940	0.658	0.633	0.536	0.698
5	0.635	0.577	0.957	0.367	0.356	0.425	0.996	0.493	0.820
6	0.660	0.452	0.437	0.526	0.551	0.594	0.462	0.445	0.752
7	0.813	0.710	0.501	0.410	0.459	0.403	0.641	0.560	0.823
8	0.592	0.535	0.721	0.835	0.684	0.596	0.607	0.821	0.658
9	0.982	1.033	0.751	0.99	0.665	0.977	0.825	0.878	0.919
10	0.753	0.392	0.667	0.784	0.699	0.689	0.610	0.981	0.793
11	0.584	0.878	0.567	0.354	0.520	0.543	0.523	0.586	0.517
12	0.887	0.956	0.630	0.683	0.603	0.674	0.516	0.804	0.678
13	0.903	0.796	0.518	0.957	0.873	0.788	1.020	0.890	0.513
14	0.461	0.783	0.546	0.427	0.762	0.718	0.866	0.880	0.943
15	0.567	0.740	0.632	0.622	0.904	0.981	0.962	0.889	0.993
16	0.363	0.482	0.658	0.532	0.795	0.889	0.719	0.583	0.527
17	0.945	0.900	0.751	0.610	0.535	0.801	0.552	0.955	0.962
18	0.648	0.640	0.663	0.492	0.772	1.129	0.654	0.715	0.580
19	0.819	0.615	1.000	0.901	0.458	0.421	0.459	0.764	0.968
20	0.692	0.750	0.684	0.902	0.905	0.806	0.936	0.724	0.717
21	0.361	0.594	0.829	0.717	0.486	0.427	0.497	0.600	0.569
22	0.698	0.497	0.801	0.434	0.417	0.452	0.413	0.509	0.726
23	0.481	0.519	0.804	0.484	0.973	0.793	0.814	0.473	0.732
24	0.449	0.753	0.689	0.581	0.559	0.804	0.59	0.451	0.733
25	0.461	0.492	0.402	0.459	0.446	0.596	0.447	0.458	0.781
26	0.518	0.779	0.589	0.535	0.646	0.595	0.711	0.448	0.568
27	0.389	0.627	0.480	0.641	0.69	0.678	0.776	0.387	0.816

表 4-10　气象指标与刺槐树高生长的关联度

各气象 指标	年均温	1 月 均温	7 月 均温	年均相 对湿度	年降 水量	7~9 月 降水量	蒸发量	年均 风速	日照 时数
关联度	0.619	0.674	0.668	0.621	0.652	0.693	0.685	0.658	0.730
排序	9	4	5	8	7	2	3	6	1

③气象因子对刺槐材积生长的影响

对原始数据进行无量纲的标准化处理，处理结果如表 4-11 所示。根据表 4-11 得到各气象因子与刺槐单株材积的绝对差值，见表 4-12。

表 4-11　数据标准化处理结果

林龄/ a	年均温	1 月 均温	7 月 均温	年均相对 湿度	年降 水量	7~9 月 降水量	蒸发量	年均 风速	日照 时数	材积
3	−0.884	−0.420	0.590	−1.328	−0.697	0.058	0.795	−0.773	2.042	0.0002
4	−2.361	−0.347	−1.492	0.422	0.581	−0.493	−0.371	−1.155	0.112	0.0005
5	0.626	−0.051	1.363	−0.980	−2.047	−1.306	1.398	−0.739	1.755	0.0008
6	1.097	−0.604	−0.598	0.567	0.262	0.336	−0.275	−0.801	1.388	0.0012
7	1.052	0.525	−0.490	−0.631	−0.889	−1.608	0.355	−0.296	1.693	0.0015
8	−0.175	−0.966	0.074	0.529	−0.083	−0.684	−0.383	0.287	0.099	0.0018
9	0.569	0.507	1.150	0.536	−0.461	0.248	0.092	0.154	0.395	0.0021
10	0.739	3.367	1.207	0.647	−0.581	−0.818	−0.929	0.139	0.613	0.0020
11	−1.077	−0.403	−1.505	2.517	1.733	1.742	1.607	−1.589	−1.341	0.0018
12	−0.376	−0.010	−1.288	0.485	−1.448	−1.305	−1.880	−0.749	0.479	0.0017
13	−0.155	−0.904	1.437	−0.398	−0.049	0.398	−0.346	−0.662	0.971	0.0017
14	1.169	0.133	1.094	1.410	0.123	0.480	−0.158	−0.838	−0.398	0.0016
15	0.561	0.231	−1.636	0.333	−0.324	−0.268	−0.648	−0.861	−0.540	0.0016
16	−1.447	−1.160	0.031	−0.222	0.522	0.563	0.280	−0.527	−0.207	0.0019
17	−0.555	−0.373	−0.030	0.241	1.019	0.028	0.825	−0.836	−0.609	0.0022
18	0.102	0.496	0.287	−2.141	−1.254	−0.691	−1.667	0.218	0.313	0.0025
19	−1.187	−2.149	−0.859	−1.013	1.440	1.951	1.286	−0.140	−0.899	0.0022
20	−1.677	−0.307	−0.152	−0.873	−0.829	−0.356	−1.201	−0.172	−1.573	0.0019
21	1.346	0.266	−0.746	−1.703	0.904	1.602	0.698	0.307	−0.105	0.0019
22	−0.473	0.951	−0.625	0.738	1.608	1.394	1.470	0.959	−0.583	0.0023
23	0.457	0.819	−0.603	0.435	−1.126	−1.787	−1.527	1.295	−0.568	0.0025
24	0.667	−0.356	−0.212	−0.050	0.459	−0.389	0.211	1.517	−1.571	0.0028
25	0.581	1.022	1.753	0.591	1.336	0.424	1.172	1.445	−0.686	0.0027
26	0.255	−0.441	0.261	0.160	−0.005	0.432	−0.298	1.550	−0.024	0.0026
27	1.145	0.172	0.990	−0.272	−0.195	0.048	−0.506	2.267	−0.758	0.0026

表 4-12　气象指标与刺槐单株材积的绝对差值

林龄/a	年均温	1月均温	7月均温	年均相对湿度	年降水量	7~9月降水量	蒸发量	年均风速	日照时数
3	0.737	1.201	2.212	0.2933	0.924	1.679	2.416	0.848	3.663
4	0.741	1.273	0.128	2.0417	2.201	1.127	1.249	0.465	1.733
5	2.245	1.568	2.982	0.6388	0.428	0.313	3.017	0.880	3.374
6	2.714	1.013	1.019	2.1845	1.879	1.954	1.342	0.816	3.006
7	2.668	2.141	1.126	0.9852	0.727	0.008	1.971	1.320	3.309
8	1.440	0.649	1.689	2.1435	1.532	0.931	1.232	1.902	1.714
9	2.183	2.121	2.764	2.1494	1.153	1.862	1.706	1.768	2.009
10	2.353	4.981	2.821	2.2619	1.034	0.797	0.685	1.754	2.227
11	0.538	1.212	0.110	4.1319	3.348	3.357	3.222	0.026	0.274
12	1.239	1.605	0.327	2.1005	0.167	0.311	0.265	0.866	2.095
13	1.460	0.712	3.052	1.217	1.566	2.014	1.269	0.953	2.587
14	2.785	1.748	2.710	3.0262	1.739	2.096	1.458	0.778	1.218
15	2.177	1.847	0.020	1.9484	1.292	1.347	0.968	0.755	1.076
16	0.168	0.455	1.646	1.3927	2.137	2.178	1.895	1.088	1.408
17	1.058	1.240	1.584	1.8544	2.633	1.641	2.438	0.777	1.005
18	1.715	2.108	1.899	0.5287	0.359	0.921	0.054	1.830	1.926
19	0.427	0.536	0.755	0.6007	3.053	3.565	2.899	1.473	0.715
20	0.062	1.308	1.463	0.7419	0.786	1.258	0.414	1.443	0.042
21	2.961	1.881	0.868	0.0881	2.518	3.216	2.312	1.921	1.51
22	1.141	2.565	0.989	2.351	3.221	3.007	3.083	2.572	1.03
23	2.070	2.431	1.009	2.0474	0.486	0.175	0.085	2.908	1.044
24	2.278	1.256	1.399	1.5609	2.07	1.223	1.822	3.129	0.04
25	2.192	2.634	3.365	2.2029	2.948	2.036	2.784	3.057	0.926
26	1.867	1.171	1.873	1.7723	1.607	2.044	1.314	3.162	1.588
27	2.757	1.784	2.602	1.3405	1.418	1.66	1.106	3.88	0.854

　　根据灰色理论公式得出各气象因子与刺槐单株材积生长的关联系数（表 4-13）和关联度（表 4-14）。从表 4-13 可以看出，刺槐材积的生长与各气象因子的关联系数不同。通过对影响刺槐树高生长的因素的关联度（表 4-14）可知，影响刺槐单株材积生长的主要影响因素为 7~9 月降水量（0.627）、年均风速（0.614）、7 月均温（0.589）和 1 月均温（0.582）。

表 4-13 气象指标与刺槐单株材积生长的关联系数

林龄/ a	年均温	1月均温	7月均温	年均相对湿度	年降水量	7~9月降水量	蒸发量	年均风速	日照时数
3	0.662	0.634	0.462	0.830	0.677	0.563	0.428	0.727	0.272
4	0.661	0.619	0.940	0.409	0.468	0.675	0.596	0.841	0.442
5	0.386	0.567	0.389	0.690	0.819	0.955	0.374	0.719	0.289
6	0.341	0.675	0.651	0.393	0.508	0.520	0.578	0.736	0.313
7	0.345	0.486	0.628	0.590	0.727	1.131	0.480	0.623	0.293
8	0.496	0.772	0.529	0.397	0.558	0.726	0.600	0.530	0.444
9	0.392	0.489	0.407	0.397	0.627	0.534	0.517	0.549	0.405
10	0.374	0.285	0.402	0.384	0.652	0.766	0.736	0.551	0.381
11	0.731	0.632	0.948	0.255	0.367	0.374	0.358	1.025	0.833
12	0.535	0.561	0.855	0.402	0.921	0.956	0.892	0.723	0.395
13	0.493	0.754	0.383	0.538	0.553	0.512	0.592	0.701	0.346
14	0.335	0.539	0.412	0.318	0.527	0.501	0.557	0.746	0.530
15	0.393	0.525	0.993	0.420	0.600	0.625	0.659	0.752	0.560
16	0.908	0.836	0.536	0.504	0.476	0.490	0.490	0.671	0.493
17	0.574	0.626	0.545	0.432	0.424	0.570	0.426	0.746	0.577
18	0.452	0.490	0.500	0.729	0.844	0.730	0.997	0.540	0.416
19	0.777	0.809	0.717	0.703	0.388	0.360	0.383	0.596	0.657
20	0.975	0.613	0.565	0.657	0.711	0.645	0.829	0.601	0.971
21	0.322	0.520	0.687	0.944	0.435	0.385	0.439	0.528	0.476
22	0.555	0.440	0.658	0.375	0.376	0.403	0.369	0.452	0.571
23	0.405	0.454	0.653	0.408	0.799	1.027	0.980	0.421	0.568
24	0.382	0.623	0.576	0.475	0.483	0.653	0.500	0.403	0.972
25	0.391	0.433	0.360	0.391	0.397	0.509	0.393	0.409	0.597
26	0.431	0.641	0.503	0.444	0.547	0.508	0.583	0.400	0.463
27	0.338	0.534	0.421	0.513	0.578	0.566	0.626	0.351	0.616

表 4-14 气象指标与刺槐材积生长的关联度

各气象指标	年均温	1月均温	7月均温	年均相对湿度	年降水量	7~9月降水量	蒸发量	年均风速	日照时数
关联度	0.506	0.582	0.589	0.504	0.578	0.627	0.575	0.614	0.515
排序	8	4	3	9	5	1	6	2	7

综上所述，将刺槐各生长指标与气象因子的灰色关联度分析值汇总如表 4-15 所示，由平均值及排序可知，影响刺槐各生长指标的气象因子的关联度大小依次为 7~9

月降水量（0.671）>日照时数（0.665）>1月均温（0.660）>年均风速（0.658）>7月均温（0.649）>蒸发量（0.644）>年降水量（0.630）>年均温（0.593）>年均相对湿度（0.590）。

表 4-15　刺槐胸径、树高、材积与各气象因子的关联度

刺槐生长指标	年均温	1月均温	7月均温	年均相对湿度	年降水量	7~9月降水量	蒸发量	年均风速	日照时数
胸径	0.654	0.723	0.689	0.646	0.659	0.692	0.673	0.703	0.749
树高	0.619	0.674	0.668	0.621	0.652	0.693	0.685	0.658	0.730
材积	0.506	0.582	0.589	0.504	0.578	0.627	0.575	0.614	0.515
平均值	0.593	0.660	0.649	0.590	0.630	0.671	0.644	0.658	0.665
排序	8	3	5	9	7	1	6	4	2

4.3　刺槐生长模型的构建

4.3.1　最优生长模型的选取

生长模型作为描述树木大小随林龄变化的模型（表 4-16），可以反映树木生长动态的变化规律，也能对人工林的经营管理提供重要理论参考（刘占辉，2014；詹石金，2018）。常用的生长模型主要有理论模型和经验模型（姜生伟，2009）。理论模型主要包括理查德模型、单分子式模型、逻辑斯蒂模型、考尔夫模型和坎兹派模型。经验模型通常是通过大量丰富的经验和主观判断建立的模型，本书主要选取修正韦布尔模型和二次曲线模型。

表 4-16　生长模型

模型分类	模型名称	生长模型	参数及含义
理论模型	理查德（Richards）	$y = a(1 - e^{-ct})^b$	$a>0,\ b>0,\ c>0$； a 为树木生长的最大值参数； c 为生长速率参数； b 为与同化作用幂指数 m 有关的参数
	坎兹派（Gompertz）	$y = ae^{-be^{-ct}}$	$a>0,\ b>0,\ c>0$； a 为树木生长的最大值参数； b 为与初始值有关的参数； c 是指内禀增长率参数

模型分类	模型名称	生长模型	参数及含义
理论模型	单分子式（Mitscherlich）	$y = a(1 - be^{-ct})$	$a>0$, $b>0$, $c>0$； a 为上渐近线值； b 为与初始值有关的参数； c 是指内禀增长率参数
	逻辑斯蒂（Logistic）	$y = \dfrac{a}{1 + be^{-ct}}$	$a>0$, $b>0$, $c>0$； a 为树木生长的最大值参数； b 为与初始值有关的参数； c 是指内禀增长率参数
	考尔夫（Korf）	$y = ae^{-bt^{-c}}$	$a>0$, $b>0$, $c>0$； a 为树木生长的最大值参数； b, c 为方程参数
经验模型	修正韦布尔（Weibull）	$y = a(1 - e^{-bt^c})$	a, b, c 为方程参数
	二次曲线（Quadratic Curre）	$y = a + bt + ct^2$	a, b, c 为方程参数

4.3.2　胸径生长模型的构建

由表4-17可知，常用的7个生长模型对刺槐胸径生长模拟的效果均较好，其中逻辑斯蒂模型模拟的决定系数最大（0.955），残差平方和最小（25.182），模拟的效果最好，因此刺槐胸径生长模型为 $y = \dfrac{23.489}{1 + 8.094\,e^{-0.202t}}$，$R^2 = 0.955$。

表 4-17　刺槐胸径生长模型的模拟

生长模型	拟合参数			残差平方和（RRS）	决定系数 R^2
	a	b	c		
理查德	15.964	1.405	0.079	27.651	0.951
坎兹派	14.188	2.907	0.136	32.362	0.942
单分子式	16.689	1.108	0.064	25.766	0.954
逻辑斯蒂	23.489	8.094	0.202	25.182	0.955
考尔夫	29.504	5.853	0.609	39.187	0.930
修正韦布尔	15.716	0.034	1.228	28.177	0.950
二次曲线	-0.900	0.904	-0.014	28.014	0.950

4.3.3　树高生长模型的构建

将刺槐树高生长的实测数据依次采用理查德、坎兹派、单分子式和逻辑斯蒂等7

个数学模型进行拟合，各生长模型的拟合参数及残差平方和、决定系数如表 4-18 所示。其中，逻辑斯蒂模型模拟的相关系数 R^2 最大，残差平方和最小，模拟效果最好。故刺槐树高生长模型为 $y = \dfrac{12.700}{1 + 5.409\,\mathrm{e}^{-0.201t}}$，$R^2 = 0.936$。

表 4-18　刺槐树高生长模型的模拟

生长模型	拟合参数			残差平方和（RRS）	决定系数 R^2
	a	b	c		
理查德	12.035	1.130	0.085	19.568	0.933
坎兹派	11.069	2.327	0.143	21.686	0.926
单分子式	12.039	1.058	0.083	19.273	0.934
逻辑斯蒂	12.700	5.409	0.201	18.257	0.936
考尔夫	20.171	4.378	0.589	19.648	0.917
修正韦布尔	12.016	0.065	1.070	19.637	0.933
二次曲线	0.280	0.729	-0.013	20.860	0.929

4.3.4　材积生长模型的构建

由表 4-19 可知，坎兹派模型和二次曲线模型相比于其他生长模型对刺槐材积生长规律的模拟效果更好，其 R^2 最大且均为 0.937，但坎兹派模型模拟的残差平方和更小，即刺槐材积生长规律的模型为 $y = 1108.179\,\mathrm{e}^{-5.855\mathrm{e}^{-0.034t}}$，$R^2 = 0.937$。

表 4-19　刺槐材积生长模型的模拟

生长模型	拟合参数			残差平方和（RRS）	决定系数 R^2
	a	b	c		
理查德	2634.100	2.048	0.009	2983.626	0.935
坎兹派	1108.179	5.855	0.034	2869.744	0.937
单分子式	7882.148	1.003	0.001	4810.607	0.895
逻辑斯蒂	433.514	75.335	0.121	2986.869	0.935
考尔夫	1784.272	15.809	0.519	3475.315	0.924
修正韦布尔	234.976	0.001	1.970	3395.296	0.926
二次曲线	0.884	0.212	0.138	2878.150	0.937

注：材积数据单位为 $\times 10^{-3}\,\mathrm{m}^3$。

4.4　刺槐立木材积模型的构建

根据孟宪宇主编的《测树学》以及《二元立木材积表编制技术规程》（LY/T 2102—2013），选出常用的 6 个一元立木材积模型和 12 个二元立木材积模型，具体如下所示。

一元立木材积方程：

$$V = a_0 \frac{D^3}{1 + D} \qquad (4\text{-}8)$$

$$V = a_0 + a_1 D^2 \qquad (4\text{-}9)$$

$$V = a_0 D + a_1 D^2 \qquad (4\text{-}10)$$

$$V = a_0 D^{a_1} \qquad (4\text{-}11)$$

$$V = a_0 + a_1 D + a_2 D^2 \qquad (4\text{-}12)$$

$$V = a_0 D^{a_1} a_2^D \qquad (4\text{-}13)$$

二元立木材积方程：

$$V = \frac{D^2 H}{a_0 + a_1 D} \qquad (4\text{-}14)$$

$$V = a_0 (D^2 H)^{a_1} \qquad (4\text{-}15)$$

$$V = a_0 + a_1 D^2 H \qquad (4\text{-}16)$$

$$V = a_0 D^2 + a_1 D^2 H \qquad (4\text{-}17)$$

$$V = a_0 (D + 1)^{a_1} H^{a_2} \qquad (4\text{-}18)$$

$$V = a D^{a_1} H^{a_2} \qquad (4\text{-}19)$$

$$V = a_0 + a_1 H + a_2 D^2 \qquad (4\text{-}20)$$

$$V = a_0 D^2 H + a_1 D^3 H + a_2 D^2 H \lg D \qquad (4\text{-}21)$$

$$V = a_0 + a_1 D^2 + a_2 H + a_3 D^2 H \qquad (4\text{-}22)$$

$$V = a_0 + a_1 D + a_2 D^2 + a_3 DH + a_4 D^2 H \qquad (4\text{-}23)$$

$$V = a_0 + a_1 D^2 + a_2 D^2 H + a_3 H + a_4 DH^2 \qquad (4\text{-}24)$$

$$V = a_0 + a_1 D + a_2 D^2 + a_3 DH + a_4 D^2 H + a_5 H \qquad (4\text{-}25)$$

式中：V 为立木材积；D 为胸径；H 为树高，a_0、a_1、a_2、a_3、a_4、a_5 为模型参数。

将 45 株刺槐的建模样本数据代入模型（4-14）~模型（4-31），并采用非线性最小二乘法进行模型参数的拟合，得到表 4-20 的一元立木材积模型和表 4-21 的二元立木材积模型。通过计算残差平方和与相关系数，选择其中残差平方和最小、相关系数最大的经验方程，得到刺槐材积模型的具体公式，如下所示。

最优一元立木材积模型：

$$V = 0.293 D^{2.117} \qquad\qquad R^2 = 0.976 \qquad (4\text{-}26)$$

最优二元立木材积模型：

$$V = 18.122 - 1.652D + 0.165 D^2 + 0.175DH + 0.02 D^2 H - 1.858H \quad R^2 = 0.986 \quad (4\text{-}27)$$

表 4-20　刺槐一元立木材积模型模拟结果

模型	a_0	a_1	a_2	R^2	残差平方和
4-14	0.311	—	—	0.934	7425.521
4-15	-2.877	0.419	—	0.975	2872.028
4-16	-0.554	0.442	—	0.975	2794.217
4-17	0.293	2.117	—	0.976	2732.216
4-18	5.076	-1.451	0.477	0.976	2743.542
4-19	0.377	1.957	1.011	0.976	2704.188

表 4-21　刺槐二元立木材积模型模拟结果

模型	a_0	a_1	a_2	a_3	a_4	a_5	R^2	残差平方和
4-20	27.428	0.076	—	—	—	—	0.977	2653.443
4-21	0.043	0.973	—	—	—	—	0.977	2564.010
4-22	1.831	0.034	—	—	—	—	0.978	2473.441
4-23	0.174	0.020	—	—	—	—	0.985	1686.892
4-24	0.062	2.189	0.494	—	—	—	0.986	1630.360
4-25	0.110	2.032	0.497	—	—	—	0.986	1629.007
4-26	14.019	1.135	0.411	—	—	—	0.979	2327.102
4-27	0.039	2.526	-0.003	—	—	—	0.977	2624.360
4-28	8.547	0.103	-0.833	0.026	—	—	0.986	1578.805
4-29	-2.186	2.292	-0.013	-0.179	0.036	—	0.986	1586.798
4-30	6.633	0.102	0.027	-0.531	-0.002	—	0.986	1574.573
4-31	18.122	-1.652	0.165	0.175	0.020	-1.858	0.986	1570.994

4.5　刺槐生物量分配模式与可加性模型的构建

生物量是森林生态系统最基本的数量特征（Cleaveland，2016），是森林生态系统结构和功能的重要组成部分（Luo et al.，2014）。准确估算地上和地下生物量对于评估森林生态系统的结构和功能具有重要意义。

生物量可加性是预测各组成部分和总生物量的理想特征，因为它确保了根、茎、叶和枝等各组成部分的预测值的和与单株生物量预测值之间的一致性。为了保证生物量模型的可加性，通过联立方程组运用似乎不相关回归（SUR）对可加性生物量模型的参数进行估计，该方法既考虑了不同组分之间的相关性，又对方程的参数设置了约束，并通过"刀切法"验证可加性生物量模型预测的准确性。

共布设 85 个 20m×20m 的刺槐林样地并进行调查，对样地内胸径大于 5cm 的所有树木的胸径和树高进行测量，其胸径和树高的分布状况如图 4-5（a）所示。由图 4-5（a）可知，刺槐林胸径分布范围集中在 5~20cm，树高分布范围集中在 3~13m。依据该区刺槐林胸径和树高的分布状况，共选取 45 株标准木进行破坏性取样，且标准木的胸径、树高分布状况如图 4-5（b）所示，并对标准木各组成部分生物量的基本统计量汇总于表 4-22。其中，刺槐标准木胸径主要分布范围在 6.2~23.2cm，树高分布范围主要在 4.7~14.7cm（表 4-22）。

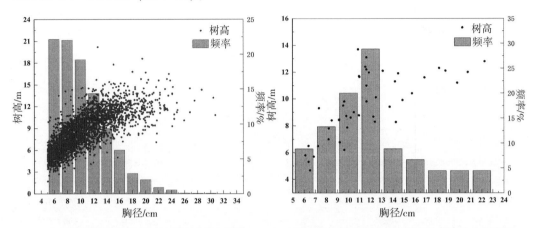

（a）调查的所有刺槐林木胸径与树高的分布情况　　（b）调查样地内的所有标准木胸径与树高的分布情况

图 4-5　刺槐胸径与树高的分布情况

表 4-22　标准木的基本统计量

统计指标	林龄	D	H	W_p	W_b	W_l	W_s	W_r	W_c	W_a	W_t
最小值	13	6.2	4.7	0.17	2.11	0.23	4.57	3.12	2.74	8.92	12.53
最大值	37	23.2	14.7	2.53	71.39	6.20	142.28	53.86	79.92	209.52	263.38
平均值	25	12.1	9.6	1.09	14.34	1.41	38.70	16.52	16.84	55.54	62.56
标准差	7	4.1	2.5	0.60	15.42	1.08	35.58	13.01	16.86	51.21	56.68

注：D 为胸径（cm）；H 为树高（m）；W_p 为标准木荚果生物量（kg）；W_b 为枝生物量（kg）；W_l 为叶生物量（kg）；W_s 为茎生物量（kg）；W_r 为根生物量（kg）；W_c 为树冠生物量（kg）；W_a 为地上生物量（kg）；W_t 为单株总生物量（kg）。

4.5.1　刺槐生物量分配模式

刺槐生物量共分成 5 个组成部分，即荚果、枝、叶、干和根，如图 4-6 所示。其中干生物量对总生物量的贡献最大，占总生物量的 51.82%；其次是根生物量（24.63%）；最后为枝条生物量，占总生物量的 19.51%；荚果生物量所占比例最小（1.82%），较荚果生物量占比稍高的是叶生物量（2.22%）。地上生物量占总生物量的75.37%（图 4-6）。根茎比是根生物量与地上生物量的比值，在 45 个含根生物量样品中，根茎比的范围在 0.18~0.50，主要集中在 0.20~0.40，其平均值和标准差分别为 0.33 和 0.07。

图 4-7 显示了刺槐各组成部分生物量占总生物量的比值随胸径变化的非线性变化

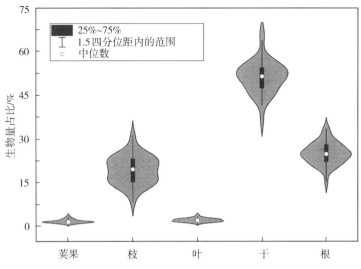

图 4-6 刺槐各组成部分生物量占比

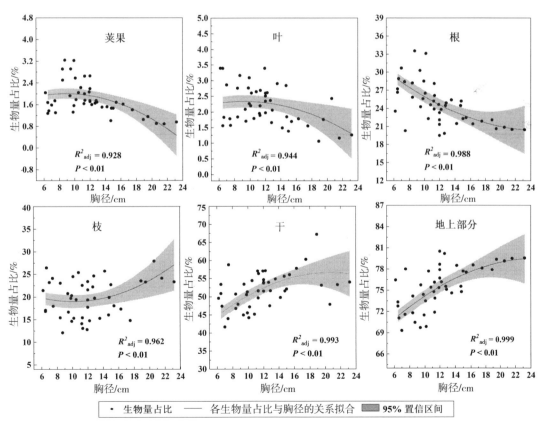

图 4-7 刺槐各组成部分质量分数随胸径的变化趋势

趋势。图中线条表示各组成部分所占总生物量的比值与胸径的拟合关系，灰色区域表示95%置信区间。结果表明，干和地上部分生物量占总生物量的比例随胸径的增加而增加，并趋于稳定。枝条生物量所占比例随胸径的增加而逐渐增加，呈显著正相关关系。相比之下，荚果、叶和根系生物量的比例则表现出相反的趋势。

4.5.2 刺槐生物量可加性模型的构建方法

（1）模型误差结构的确定

选择常用的异速生长方程：$W = a \times D^b$、$W = a \times (D^2H)^b$ 和 $W = a \times D^b \times H^c$，拟合单株树木的总生物量和各组成部分生物量的模型（Dong et al.，2020；Wang et al.，2018）。并以 $W = a \times D^b$，$W = a \times (D^2H)^b$ 和 $W = a \times D^b \times H^c$ 作为基本模型构建生物量可加性系统。

运用似然分析法确定对数转换数据的线性回归（LR）和原始数据的非线性回归（NLR）误差结构，以便选择最合适的模型结构来构建生物量方程的加性系统。这两种误差结构的相对可能性可与AICc进行比较，AICc是Akaike信息准则（AIC）的一种二阶变量，用于校正小样本量（Xiao，2011）。AICc通过结合模型的可能性来衡量统计模型的拟合优度，同时对额外参数施加惩罚，并对小样本量进行校正（Xiao，2011；Li，2019）。当 $AICc_{-norm} - AICc_{-lgn} < -2$，则正态误差的假设优于对数正态误差。如果 $AICc_{-norm} - AICc_{-lgn} > -2$，则表示对数正态误差优于正态误差的假设。如果 $|AICc_{-norm} - AICc_{-lgn}| \leq 2$，则这意味着两种模型误差结构都不可取，可以采用模型平均。

$$L_{norm} = \prod_{i=1}^{n} \left[\frac{1}{\sqrt{2\pi \sigma_{NLR}^2}} \exp \left(\frac{- (y_i - a_{NLR} x_i^{b_{NLR}})^2}{2 \sigma_{NLR}^2} \right) \right] \tag{4-28}$$

$$L_{lgn} = \prod_{i=1}^{n} \left[\frac{1}{y_i \sqrt{2\pi \sigma_{LR}^2}} \exp \left(\frac{- (\lg y_i - \lg(a_{LR} x_i^{b_{LR}}))^2}{2 \sigma_{LR}^2} \right) \right] \tag{4-29}$$

$$AICc = 2k - 2\lg L + \frac{2k(k+1)}{n-k-1} \tag{4-30}$$

（2）生物量可加性系统的构建

运用刺槐总生物量和各组成部分生物量数据对选定的3种模型进行似然分析，结果如表4-23可知，$\Delta AICc$ 远大于2，因此对数转换数据的线性回归比原始数据的非线性回归更适合拟合刺槐异速生长方程，运用对数转换的线性回归模型作为刺槐生物量可加性系统的基础模型，并构建以下3种生物量可加性系统。

表4-23 3种异速生物量方程进行似然分析的信息统计（$\Delta AICc$）

公式类型	荚果	枝	叶	茎	树冠	地上部分	根	单株
$W = a \times D^b$	30.94	65.04	49.17	48.21	99.75	54.38	45.82	44.01
$W = a \times (D^2H)^b$	31.38	57.91	48.24	48.68	56.03	49.74	46.03	49.06
$W = a \times D^b \times H^c$	31.58	57.65	48.28	89.89	87.44	89.58	94.51	91.39

①基于加性误差结构的对数函数 $\lg W_i = \lg a_{ij} + b_{ij} \times \lg D + \varepsilon_i$，构建刺槐生物量方程的加性系统，系统 1 如下。

$$\lg W_p = \lg a_{11} + b_{12} \times \lg D + \varepsilon_p$$
$$\lg W_b = \lg a_{21} + b_{22} \times \lg D + \varepsilon_b$$
$$\lg W_l = \lg a_{31} + b_{32} \times \lg D + \varepsilon_l \qquad\qquad (4\text{-}31)$$
$$\lg W_s = \lg a_{41} + b_{42} \times \lg D + \varepsilon_s$$
$$\lg W_r = \lg a_{51} + b_{52} \times \lg D + \varepsilon_r$$
$$\lg W_c = \lg(W_P + W_b + W_l) + \varepsilon_c = \lg(a_{11} \times D^{b_{12}} + a_{21} \times D^{b_{22}} + a_{31} \times D^{b_{32}}) + \varepsilon_c$$
$$\lg W_a = \lg(W_P + W_b + W_l + W_s) + \varepsilon_a = \lg(a_{11} \times D^{b_{12}} + a_{21} \times D^{b_{22}} + a_{31} \times D^{b_{32}} + a_{41} \times D^{b_{42}}) + \varepsilon_a$$
$$\lg W_t = \lg(W_P + W_b + W_l + W_s + W_r) + \varepsilon_t = \lg(a_{11} \times D^{b_{12}} + a_{21} \times D^{b_{22}} + a_{31} \times D^{b_{32}} + a_{41} \times D^{b_{42}} + a_{51} \times D^{b_{52}}) + \varepsilon_t$$

②基于加性误差结构的对数函数 $\lg W_i = \lg a_{ij} + b_{ij} \times \lg D + \varepsilon_i$，构建刺槐生物量方程的加性系统，系统 2 如下。

$$\lg W_p = \lg a_{11} + b_{12} \times \lg(D^2 H) + \varepsilon_p$$
$$\lg W_b = \lg a_{21} + b_{22} \times \lg(D^2 H) + \varepsilon_b$$
$$\lg W_l = \lg a_{31} + b_{32} \times \lg(D^2 H) + \varepsilon_l \qquad\qquad (4\text{-}32)$$
$$\lg W_s = \lg a_{41} + b_{42} \times \lg(D^2 H) + \varepsilon_s$$
$$\lg W_r = \lg a_{51} + b_{52} \times \lg(D^2 H) + \varepsilon_r$$
$$\lg W_c = \lg(W_P + W_b + W_l) + \varepsilon_c = \lg(a_{11} \times (D^2 H)^{b_{12}} + a_{21} \times (D^2 H)^{b_{22}} + a_{31} \times (D^2 H)^{b_{32}}) + \varepsilon_c$$
$$\lg W_a = \lg(W_P + W_b + W_l + W_s) + \varepsilon_a = \lg a_{11} \times (D^2 H)^{b_{12}} + a_{21} \times (D^2 H)^{b_{22}} + a_{31} \times (D^2 H)^{b_{32}} + a_{41} \times (D^2 H)^{b_{42}} + \varepsilon_a$$
$$\lg W_t = \lg(W_P + W_b + W_l + W_s + W_r) + \varepsilon_t = \lg a_{11} \times (D^2 H)^{b_{12}} + a_{21} \times (D^2 H)^{b_{22}} + a_{31} \times (D^2 H)^{b_{32}} + a_{41} \times (D^2 H)^{b_{42}} + a_{51} \times (D^2 H)^{b_{52}} + \varepsilon_t$$

③基于加性误差结构的对数函数 $\lg W_i = \lg a_{ij} + b_{ij} \times \lg D + \varepsilon_i$，构建刺槐生物量方程的加性系统，系统 3 如下。

$$\lg W_p = \lg a_{11} + b_{12} \times \lg D + c_{13} \times \lg H + \varepsilon_p$$
$$\lg W_b = \lg a_{21} + b_{22} \times \lg D + c_{23} \times \lg H + \varepsilon_b$$
$$\lg W_l = \lg a_{31} + b_{32} \times \lg D + c_{33} \times \lg H + \varepsilon_l$$
$$\lg W_s = \lg a_{41} + b_{42} \times \lg D + c_{43} \times \lg H + \varepsilon_s \qquad (4\text{-}33)$$
$$\lg W_r = \lg a_{51} + b_{52} \times \lg D + c_{53} \times \lg H + \varepsilon_r$$
$$\lg W_c = \lg(W_P + W_b + W_l) + \varepsilon_c = \lg(a_{11} \times D^{b_{12}} \times H^c_{13} + a_{21} \times D^{b_{22}} \times H^{c_{23}} + a_{31} \times D^{b_{32}} \times H^{c_{33}}) + \varepsilon_c$$
$$\lg W_a = \lg(W_P + W_b + W_l + W_s) + \varepsilon_t = \lg(a_{11} \times D^{b_{12}} \times H^{c_{13}} + a_{21} \times D^{b_{22}} \times H^{c_{23}} + a_{31} \times D^{b_{32}} \times H^{c_{33}} + a_{41} \times D^{b_{42}} \times H^{c_{43}}) + \varepsilon_a$$

$$\lg W_t = \lg(W_P + W_b + W_l + W_s + W_r) + \varepsilon_t = \lg(a_{11} \times D^{b_{12}} \times H^{c_{13}} + a_{21} \times D^{b_{22}} \times H^{c_{23}} + a_{31} \times D^{b_{32}} \times H^{c_{33}} + a_{41} \times D^{b_{42}} \times H^{c_{43}} + a_{51} \times D^{b_{52}} \times H^{c_{53}}) + \varepsilon_t$$

式中：D 为胸径；H 为树高；a_{ij}、b_{ij} 和 c_{ij} 为回归系数；ε_i 为模型误差项。

上述 3 个可加性生物量方程系统运用似乎不相关回归法（SUR）在 R（386）4.0.2 中运用 "systemfit" 包拟合总生物量和各组成部分的生物量数据。

（3）模型检验与评价方法

为了确定生物量可加性模型的预测精度，本书通过常用的验证方法即 "刀切法" 进行精度检验（Dong et al.，2015；Zheng et al.，2015；Li et al.，2019）。其中，采用的模型拟合优度统计量为调整决定系数（R_{adj}^2）和均方根误差（RMSE），将模型性能的统计指标使用 "刀切法" 进行计算，包括平均绝对误差（MAE）、平均绝对误差的百分比（MAE%）、平均预测误差（MPE）和平均预测误差的百分比（MPE%），其公式如下。

$$R_{adj}^2 = 1 - \frac{(N-1)\sum_{i=1}^{N}(W_i - \widehat{W}_i)^2}{(N-P)\sum_{i=1}^{N}(W_i - \overline{W}_i)^2} \tag{4-34}$$

$$RMSE = \sqrt{MSE} = \sqrt{\frac{\sum_{i=1}^{N}(W_i - \widehat{W}_i)^2}{N-P}} \tag{4-35}$$

$$\varepsilon_{i,-i} = W_i - \widehat{W}_{i,-i} \tag{4-36}$$

$$MAE = \frac{\sum_{i=1}^{N}|W_i - \widehat{W}_{i,-i}|}{N} \tag{4-37}$$

$$MAE\% = \frac{\sum_{i=1}^{N}\left(\frac{|W_i - \widehat{W}_{i,-i}|}{W_i}\right)}{N} \times 100 \tag{4-38}$$

$$MPE = \frac{\sum_{i=1}^{N}(W_i - \widehat{W}_{i,-i})}{N} \tag{4-39}$$

$$MPE\% = \frac{\sum_{i=1}^{N}\left(\frac{W_i - \widehat{W}_{i,-i}}{\overline{W}}\right)}{N} \times 100 \tag{4-40}$$

4.5.3 刺槐生物量可加性模型的构建

运用非线性似乎不相关回归（NSUR）法对刺槐 3 种生物量可加性系统的参数进行

估计，结果如表 4-24 所示，在系统 3 的枝生物量模型中，参数 c 的 p 值为 0.498，大于 0.05。因此，自变量树高（H）在统计学上无意义，所以应该将枝生物量模型中的树高（H）因子去掉，并重新估计生物量可加性系统 3 的参数。此外，根据模型参数估计的 SE、t 和 p 值表明，其他模型的预测因子胸径（D）和树高（H）均具有统计学意义（$\alpha=0.05$）（表 4-24）。根据拟合优度值，生物量方程的 3 个可加性系统与生物量数据拟合较好（$R^2_{adj}>0.812$，$RMSE<0.151$）（表 4-24）。其中，在基于胸径（D）单预测因子的系统 1 中，除荚果和叶生物量模型外，其他组分和总生物量模型拟合较好（$R^2_{adj} \geq 0.862$，$RMSE \leq 0.134$）。在基于 D^2H 组合开发的系统 2 中，除枝生物量模型外，引入树高因子（$R^2_{adj} \geq 0.862$，$RMSE \leq 0.131$）后，其他组分的拟合优度和总生物量模型拟合较好。与系统 1 和系统 2 相比，基于 D^bH^c 组合开发的系统 3 拟合优度的拟合效果最好（$R^2_{adj} \geq 0.864$，$RMSE \leq 0.133$）。

表 4-24　生物量可加性系统参数估计和模型拟合优度统计

系统类型	生物量组成	参数	估计值	SE	t	P	R^2_{adj}	$RMSE$
生物量可加性系统 1	荚果	a	0.013	0.004	3.394	< 0.01	0.812	0.136
		b	1.712	0.118	14.531	< 0.01		
	枝	a	0.025	0.006	3.956	< 0.01	0.862	0.134
		b	2.430	0.106	22.822	< 0.01		
	叶	a	0.012	0.004	3.221	< 0.01	0.821	0.134
		b	1.830	0.125	14.616	< 0.01		
	干	a	0.062	0.013	4.775	< 0.01	0.899	0.121
		b	2.464	0.088	28.003	< 0.01		
	根	a	0.076	0.013	5.969	< 0.01	0.933	0.082
		b	2.087	0.067	30.961	< 0.01		
	树冠	—	—	—	—	—	0.891	0.118
	地上部分	—	—	—	—	—	0.917	0.110
	单株	—	—	—	—	—	0.927	0.099
生物量可加性系统 2	荚果	a	0.007	0.002	3.471	< 0.01	0.872	0.108
		b	0.684	0.040	17.104	< 0.01		
	枝	a	0.021	0.006	3.524	< 0.01	0.824	0.151
		b	0.859	0.041	21.111	< 0.01		
	叶	a	0.007	0.002	3.197	< 0.01	0.862	0.116
		b	0.718	0.044	16.493	< 0.01		

（续表）

系统类型	生物量组成	参数	估计值	*SE*	*t*	*P*	R^2_{adj}	*RMSE*
生物量可加性 系统 2	干	*a*	0.031	0.006	5.269	< 0.01	0.938	0.094
		b	0.945	0.027	34.643	< 0.01		
	根	*a*	0.044	0.007	6.174	< 0.01	0.943	0.075
		b	0.793	0.023	35.126	< 0.01		
	树冠	—	—	—	—	—	0.865	0.131
	地上部分	—	—	—	—	—	0.938	0.096
	单株	—	—	—	—	—	0.946	0.086
生物量可加性 系统 3	荚果	*a*	0.005	0.002	3.422	< 0.01	0.874	0.107
		b	1.101	0.155	7.124	< 0.01		
		c	1.076	0.192	5.610	< 0.01		
	枝	*a*	0.039	0.009	4.209	< 0.01	0.864	0.133
		b	2.288	0.137	16.653	< 0.01		
		c	−0.04	0.137	−0.293	0.498		
	叶	*a*	0.006	0.002	3.217	< 0.01	0.865	0.115
		b	1.383	0.166	8.350	< 0.01		
		c	0.832	0.202	4.118	< 0.01		
	干	*a*	0.037	0.004	8.357	< 0.01	0.939	0.095
		b	1.847	0.078	23.643	< 0.01		
		c	0.941	0.091	10.296	< 0.01		
	根	*a*	0.046	0.007	6.934	< 0.01	0.949	0.072
		b	1.860	0.067	27.558	< 0.01		
		c	0.479	0.084	5.722	< 0.01		
	树冠	—	—	—	—	—	0.895	0.122
	地上部分	—	—	—	—	—	0.943	0.099
	单株	—	—	—	—	—	0.951	0.092

4.5.4 刺槐生物量可加性模型的评价

　　基于"刀切法"计算了 3 种生物量可加性模型的验证统计量［式（4-34）～式（4-40）］。其中，MAE 是指测量实验数据集预测值和实际值之间的平均绝对误差。MPE 是指测量实验数据集预测值与实际值之间的平均预测误差。MAE%表示平均绝对误差的百分比，MPE%表示平均预测误差的百分比。如表 4-25 所示，刺槐 3 个生物量可加性系统的所有方程的平均绝对误差值均小于 0.2，平均预测误差值均小于 0.04，说明本书构建的生物量可加性系统提供了准确的预测。根据表 4-25 所示的 3 种生物量系统中所有方程的 MAE%和 MPE%的值，与根、干、地上部分生物量和总生物量相比，树冠（包括枝、叶和荚果）的拟合效果较差，尤其是叶和荚果生物量。而对 3 个生物量可加性系统进行比较，可知系统 3 生物量模型精度优于系统 1 和系统 2，表现最佳。

表 4-25　生物量可加性系统模型精度检验

系统类型	生物量模型	MAE	MAE%	MPE	MPE%
	$\lg W_p = -1.886 + 1.712 \times \lg D$	0.110	32.603	0.018	-40.887
	$\lg W_b = -1.602 + 2.430 \times \lg D$	0.103	12.428	0.020	1.891
	$\lg W_l = -1.921 + 1.83 \times \lg D$	0.106	6.779	0.016	30.548
生物量可加性	$\lg W_s = -1.208 + 2.464 \times \lg D$	0.075	5.900	0.028	1.805
系统 1	$\lg W_r = -1.119 + 2.087 \times \lg D$	0.064	6.223	0.016	1.457
	$\lg W_c = \lg(W_p + W_b + W_l)$	0.086	8.755	0.023	2.122
	$\lg W_a = \lg(W_p + W_b + W_l + W_s)$	0.069	4.587	0.029	1.794
	$\lg W_t = \lg(W_p + W_b + W_l + W_s + W_r)$	0.066	3.949	0.027	1.588
	$\lg W_p = -2.155 + 0.684 \times \lg(D^2 H)$	0.075	-7.685	0.016	-36.259
	$\lg W_b = -1.678 + 0.859 \times \lg(D^2 H)$	0.124	13.819	0.036	3.640
	$\lg W_l = -2.155 + 0.718 \times \lg(D^2 H)$	0.090	9.327	0.014	30.352
生物量可加性	$\lg W_s = -1.509 + 0.945 \times \lg(D^2 H)$	0.060	4.504	0.021	1.432
系统 2	$\lg W_r = -1.357 + 0.793 \times \lg(D^2 H)$	0.055	5.391	0.018	1.649
	$\lg W_c = \lg(W_p + W_b + W_l)$	0.101	9.889	0.037	3.374
	$\lg W_a = \lg(W_p + W_b + W_l + W_s)$	0.064	4.221	0.029	1.803
	$\lg W_t = \lg(W_p + W_b + W_l + W_s + W_r)$	0.058	3.515	0.027	1.589
	$\lg W_p = -2.301 + 1.101 \times \lg D + 1.076 \times \lg H$	0.079	0.737	0.005	-12.431
	$\lg W_b = -1.409 + 2.288 \times \lg D$	0.105	10.346	0.013	1.287
	$\lg W_l = -2.222 + 1.383 \times \lg D + 0.832 \times \lg H$	0.091	7.942	0.007	14.290
生物量可加性	$\lg W_s = -1.432 + 1.847 \times \lg D + 0.941 \times \lg H$	0.062	4.630	0.013	0.934
系统 3	$\lg W_r = -1.337 + 1.860 \times \lg D + 0.479 \times \lg H$	0.051	5.114	0.013	1.203
	$\lg W_c = \lg(W_p + W_b + W_l)$	0.086	8.638	0.017	1.584
	$\lg W_a = \lg(W_p + W_b + W_l + W_s)$	0.058	3.767	0.017	1.060
	$\lg W_t = \lg(W_p + W_b + W_l + W_s + W_r)$	0.052	3.135	0.018	1.072

通过比较 3 种生物量可加性系统的验证统计量可知（表 4-25），生物量可加性系统 3 的精度最高。因此对生物量可加性系统 3 的残差图以及实测值与预测值之间的比较进行分析可知，各组成部分的残差均呈不规则分布，主要分布范围在-0.5~0.5。残差图没有显示出生物量可加性系统 3 中任何模型的异方差行为（图 4-8）。对生物量可加性系统 3 的各组成部分和总生物量的预测值与实测值进行方差分析结果表明，各组成部分和总生物量的预测值与实测值之间差异不显著，即荚果（$t = -0.004$，$p = 0.996 > 0.05$）、枝（$t = -0.008$，$p = 0.994 > 0.05$）、叶（$t = -0.003$，$p = 0.998 > 0.05$）、干（$t = -0.009$，$p =$

0.993 > 0.05）、根（$t=0.013$，$p=0.990 > 0.05$）、树冠（$t=-0.100$，$p=0.992 > 0.05$），地上部分（$t=-0.008$，$p=0.993 > 0.05$）和总生物量（$t=0.001$，$p=1.000 > 0.05$）。此外，由图4-9可知，荚果、干、根、地上部分单株和总生物量的观测值和估计值的趋势与线性方程（$y=x$）有较好的一致性。

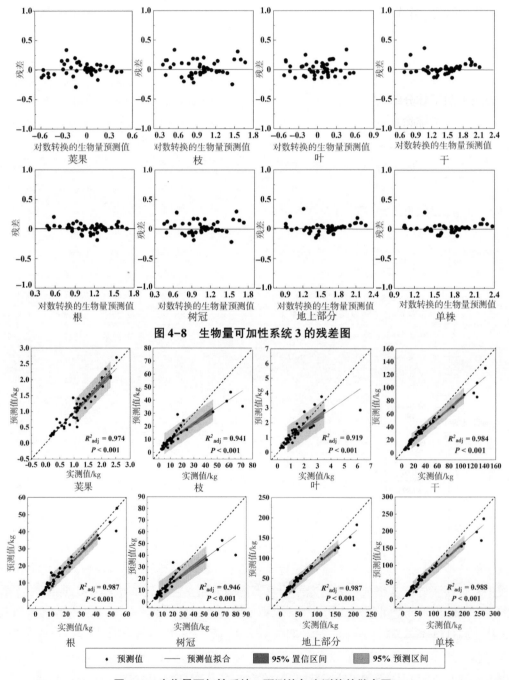

图4-8　生物量可加性系统3的残差图

图4-9　生物量可加性系统3预测值与实测值的散点图

4.6 刺槐可变密度生长模型的构建

理论生长模型和经验生长模型均是描述树木大小随林龄变化的模型，多指林木平均生长水平随林龄的动态变化规律，没有将林分密度作为自变量，用于密度控制和林分生长预估。因此，本节将林分密度纳入生长模型中，构建可变密度的林木动态生长模型。

4.6.1 刺槐可变密度生长模型的构建方法

林分结构参数（胸径、树高、材积和生物量等）的变化受多种因素的影响，而这些影响限制了林分结构参数对单一驱动因子（如树龄和树密度）响应的特定函数的确定。因此为了排除其他因素的干扰，至少选择比每个 x 轴段平均值高一个标准差的数据（Schmidt et al.，2000），或在一些数据强度较低的段内选择数据的最高值，以得出上边界线，该边界线可以表示林分结构参数对单个驱动因子响应的函数类型。

根据图 4-10 中的最大边界线法可知，刺槐胸径、树高、材积和生物量随林龄的变

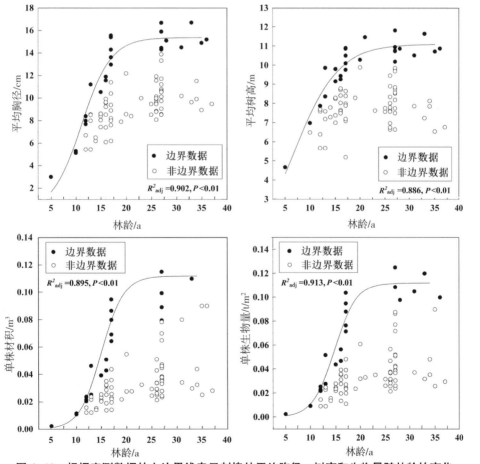

图 4-10　根据实测数据的上边界线表示刺槐林平均胸径、树高和生物量随林龄的变化

化均很好地遵循了林木生长模型规律，即林木的胸径、树高、材积和生物量随着林龄的增长而不断增加，直到达到一定的年龄阈值，然后趋于平稳。由于逻辑斯蒂生长方程对该研究区刺槐生长模拟效果更好，因此在构建可变密度的生长模型时选择逻辑斯蒂方程对刺槐胸径、树高、材积和生物量的生长进行模拟。根据图4-11中的上边界线可知，林木的胸径、树高、材积和生物量的增长很好地遵循了林分密度的幂函数关系，且均随着林分密度的增加呈下降趋势。由此，将林分密度的幂函数与逻辑斯蒂生长方程相结合构建如下可变密度的动态生长模型（Ahmad et al., 2018）。

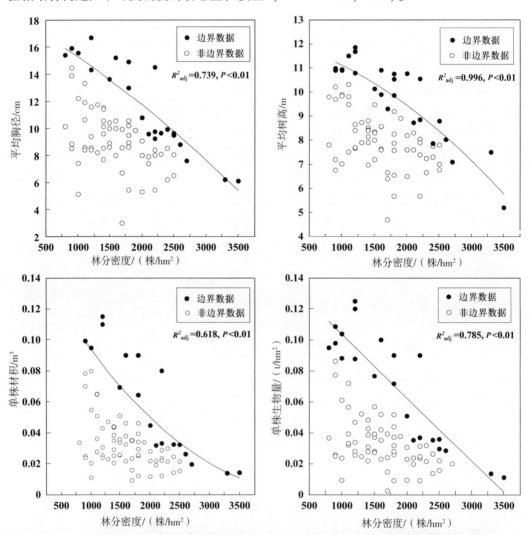

图4-11 根据实测数据的上边界线表示刺槐林平均胸径、树高和生物量随林分密度的变化

$$D = \frac{D_{\max}}{1 + a\mathrm{e}^{-bt}} \cdot N^c \tag{4-41}$$

$$H = \frac{H_{\max}}{1 + a\mathrm{e}^{-bt}} \cdot N^c \tag{4-42}$$

$$V = \frac{v_{\max}}{1 + a\mathrm{e}^{-bt}} \cdot N^c \tag{4-43}$$

$$M = \frac{m_{\max}}{1 + a\mathrm{e}^{-bt}} \cdot N^c \tag{4-44}$$

式中：D、H、V 和 M 均为林分平均值；$D_{\max}$、$H_{\max}$、$v_{\max}$ 和 $m_{\max}$ 为该研究区内 D、H、v 和 m 的最大值，v 为单株材积（m^3），m 为单株生物量（t）；N 为林分密度（株/hm^2）；t 为林龄（a）；a、b 和 c 均为参数。

4.6.2　刺槐可变密度的生长模型模拟

通过对实测数据分析可知，刺槐林平均胸径、平均树高、单株材积和单株生物量随林分密度和林龄的变化分别遵循林分密度的幂函数和林龄的逻辑斯蒂生长模型规律，故在函数类型确定后，通过野外实测数据进行模型参数拟合，求出林分平均胸径、平均树高、单株材积和单株生物量的可变密度的动态生长模型的参数，如表4-26 所示。

表 4-26　刺槐各生长指标可变密度的动态生长模型参数

林木生长指标	模型参数				
	最大值	a	b	c	r^2
D	30.700	42.448	0.344	−0.100	0.916
H	20.200	5.089	0.227	−0.084	0.877
V	0.115	48.232	0.271	−0.097	0.735
W	0.125	83.860	0.299	−0.080	0.819

根据拟合模型分别画出各生长指标随林龄和林分密度的变化，以评估林分密度和林龄对林分生长的影响，如图4-12 所示，刺槐林的平均胸径、平均树高、单株材积和单株生物量主要受树龄的影响，而林分密度对其影响相对较小。然而，刺槐林分蓄积量和乔木层生物量不仅受林龄的影响也受林分密度的影响，在相同林龄的条件下，随林分密度的变化刺槐林的蓄积量和乔木层生物量均呈线性增加，在相同林分密度条件下，随林龄的增加刺槐林的蓄积量和乔木层生物量随之增加，但其增长率随林龄的增加而逐渐下降。

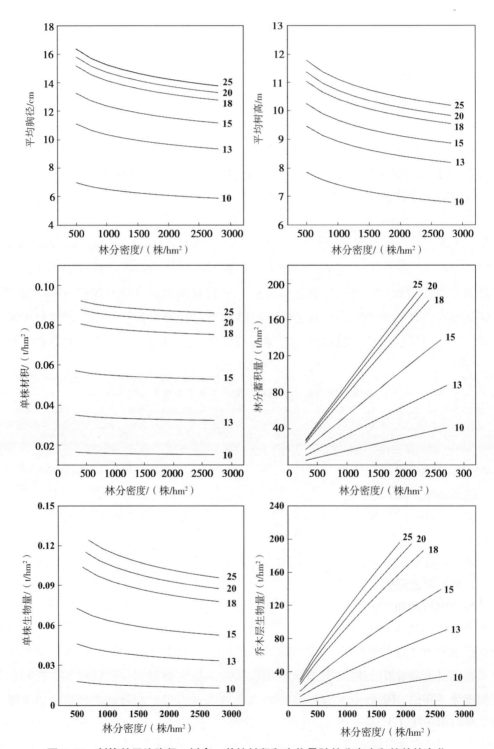

图 4-12 刺槐林平均胸径、树高、单株材积和生物量随林分密度和林龄的变化

4.7 刺槐林木生长与模型构建分析

4.7.1 刺槐生长规律及影响因素分析

林木的生长理论上是按照指数规律进行增长，但因受内外因素的相互作用，在一定的速生阶段后，随着指数生长规律的结束，生长速度开始下降，使整个生长趋于"S"形（韩同吉，2005；王伟，2012）。林木各因子生长规律都是相似的，但在整个生长过程中并不同步，树高、胸径和材积的生长过程由于速生阶段的提前或滞后而有所不同。

通过对刺槐林立地条件、林分结构与生长指标进行相关性分析可知，对林木生长的影响是各因素的综合作用，但影响程度各不相同，其中林龄和林分密度表现出显著影响。刺槐生长除了受立地条件、林分结构等因子的影响外，还受气象因子的影响，通过将同龄解析木的连年生长量与各气象因子进行灰色关联分析可知，对各生长指标的综合影响具体表现为7~9月降水量（0.671）>日照时数（0.665）>1月均温（0.660）>年均风速（0.658）>7月均温（0.649）>蒸发量（0.644）>年降水量（0.630）>年均温（0.593）>年均相对湿度（0.590）。这一结果表明，影响刺槐生长的主要气象因素是7~9月降水量、日照时数和1月均温。

4.7.2 生物量可加性模型的构建

常用于生物量模型拟合的异速生长方程有 $W = a \times D^b$、$W = a \times (D^2 H)^b$ 和 $W = a \times D^b \times H^c$。其中，以胸径作为单独变量的异速生长方程 $W = a \times D^b$ 是一种最为简单且容易拟合生物量数据的形式，也能得到较高的预测精度（Basuki et al.，2005；Navar，2009）。然而，结果表明，加入树高这一变量使得总量及各组分生物量模型提高了拟合效果与预测精度，而这一结果与前人的研究结果一致（Bi et al.，2004；Battulga et al.，2013；董利虎，2015）。

通过异速生长方程拟合生物量模型时，是否需要进行对数转换，关键在于模型的误差结构，因此误差结构的确定对构建生物量模型具有重要意义。一般来说，模型的误差结构因树种和生物量组成的不同而不同（Ou et al.，2020）。可通过似然分析法对异速生长方程的误差结构进行判定（Xiao et al.，2011）。而该方法被认为更符合核心统计学的原理，更适用于生物量模型误差结构的确定（Ballantyne，2013）。

在刺槐生物量模型的构造方面，研究者们常常将各组分生物量（干、枝、叶等）与观测变量（胸径、树高）分别进行生物量模型的拟合，忽略了各组分生物量模型的预测值之间的加和性（王百田等，2005；宋变兰，2015；孙美美等，2020）。因此，通过将各组分生物量与总生物量模型联立方程组，运用非线性似乎不相关回归进行模型参数的拟合，该方法既能保证逻辑一致性，又能提高模型拟合效果与预测精度（董利虎，2015）。

4.7.3 可变密度的生长模型

林分密度是影响刺槐生长的重要因素之一，而密度控制是营林措施中一种有效的手段（郭恩莹，2009）。本研究通过最大边界法对刺槐胸径、树高、材积和生物量分别与林分密度的关系进行研究，结果表明刺槐各生长指标均很好地遵循林分密度效应规律，即在相同林龄条件下，刺槐各生长指标均随林分密度的增大而减小，这一结果与前人研究一致（Ahmad et al.，2018，2019）。而这一现象主要是因为随着林木的生长，林分中的光、水分和营分含量的限制使得林内竞争更加激烈，且林分密度越大竞争越激烈（田镐锡，1980；Bauhus et al.，2001；Ahmad et al.，2018）。通过常用的生物模型对刺槐各生长指标随林龄的变化规律进行拟合，选出最优的生长模型即逻辑斯蒂生长方程。并将林分密度引入刺槐各生长指标的最优生长模型，可构建刺槐各生长指标的可变密度生长模型。通过刺槐单株材积、生物量和郁闭度的可变密度模型可以充分地展现出林龄和林分密度对刺槐林生长的影响，并通过生物量和郁闭度的可变密度模型为权衡乔木层和林下植被层的生物量提供方法（Litton et al.，2004；Sabo et al.，2008；Ahmad et al.，2019）。

4.8 本章小结

在刺槐生长规律方面：通过对不同林分密度刺槐林标准木的树干解析可知，不同林分密度刺槐林的平均胸径、树高的连年生长量的高峰值出现时的林龄略有不同，但基本均发生在幼龄期（0~10a）；当连年生长量与平均生长量相交后，连年生长量一直小于平均生长量，且逐渐降低。由刺槐材积平均生长量等于连年生长量时的林龄可知，刺槐成熟期为21a。刺槐平均胸径、树高和材积的生长均表现出随林分密度的增加而减小。在高林分密度（2500株/hm²）条件下，树高生长过程中连年生长量与平均生长量出现多次相交的现象，表明在高林分密度条件下，刺槐在生长过程中更易受环境或其他生物因素等的影响。通过对影响刺槐生长的因素进行分析可知，林分密度、林龄和7~9月降水量、日照时数和1月均温是影响该区刺槐生长的主要影响因素。

在模型构建方面：为了更好地反映林木生长动态的变化规律，通过常用的理论生长模型和经验模型对刺槐胸径、树高和材积的生长过程进行拟合。其中，逻辑斯蒂模型更好地反映了胸径和树高的生长过程，坎兹派模型更好地反映了材积的生长过程。根据刺槐胸径、树高和单株生物量等生长指标随林龄与林分密度的变化规律，将林分密度引入最优理论生长方程，构建可变密度的生长模型。其中，为确保刺槐林健康、稳定和高效的发展，基于刺槐生物量以及郁闭度的可变密度模型，可对刺槐林乔木层与林下植被层的生物量进行权衡。构建刺槐最优立木材积模型和生物量可加性模型，可为林分密度控制图的编制提供精准的基础数据。

第 ⑤ 章 刺槐林水土保持功能研究

根据前人（张超等, 2016; 魏曦, 2018; 侯贵荣, 2020）对黄土高原地区水土保持功能的研究可知, 该区水土保持功能主要体现在森林水文方面的涵养水源、土壤保育和蓄水减沙 3 个方面, 且每个功能都可以通过多个指标进行定量或定性的表达。由于林下植被与乔木层一样均对截留降雨、拦沙减沙起到一定的作用, 且对削减降雨和林内二次降雨的动能具有重要作用（刘向东等, 1994）。因此, 将林下植被的研究纳入刺槐林功能指标研究中。其中, 林下植被的特征研究主要指标为植被优势度、多样性、丰富度和生物量等; 涵养水源功能主要体现在林冠层截留、枯枝落叶层持水、土壤层的渗吸等方面; 土壤保育功能主要以林地土壤肥力的角度进行分析, 一般主要包括土壤全氮、全磷、有机质等植被所需元素（赵洋溢等, 2020; 侯贵荣, 2020）; 蓄水减沙功能主要从产流量、产沙量两个方面进行考虑。以上各功能指标均在林分的水土保持功能相关研究工作中受到高度关注, 且这些指标均能从野外试验中获得。

本章主要选取如表 5-1 所示的已广泛应用于水土保持功能研究的指标对晋西黄土区不同林龄不同林分密度的刺槐林进行功能特征分析, 并筛选出具有代表性的功能指标, 用于功能导向型刺槐林分密度控制图的编制。

表 5-1 刺槐林各功能具体指标

序号	功能分类	表征指标
1		林下植被优势度
2	林下植被	林下植被生物量（t）
3		林下植被多样性
4		林下植被丰富度
5		林冠层最大持水量（t/hm^2）
6		枯落物厚度（cm）
7		枯落物蓄积（t/hm^2）
8	涵养水源	枯落物层最大持水量（t/hm^2）
9		枯落物层最大拦蓄量（t/hm^2）
10		枯落物层有效拦蓄量（t/hm^2）
11		土壤层最大持水量（t/hm^2）
12		表层土壤入渗率（mm/min）

（续表）

序号	功能分类	表征指标
13		土壤全氮含量（TN, g/kg）
14	土壤保育	土壤全磷含量（TP, g/kg）
15		土壤有机质含量（g/kg）
16	蓄水减沙	场均产流量（l/100m^2）
17		场均产沙量（g/100m^2）

5.1 刺槐林林下植被特征

5.1.1 林下植被组成与多样性

物种组成是森林植被群落最基本的特征之一。林下植被优势种的不同在一定程度上反映了植被群落结构的多样性，且通过重要值这一指标可以反映林下植被物种在群落中的功能地位与分布格局（赵耀等，2018）。本研究通过对刺槐林近熟林、成熟林和过熟林3个龄组的5个林分密度（1200株/hm^2、1600株/hm^2、1800株/hm^2、2200株/hm^{2}和2500株/hm^2）的林下植被进行调查，共调查到林下草本53种，隶属21科45属。其中，林下草本重要值的平均值为0.019，大于重要值平均值的草本作为优势种，林下草本的优势种为蔺草、铁杆蒿、薹草、沿阶草、白莲蒿、茜草、青蒿、麻花头、蒌蒿和黑麦草，其重要值分别为0.327、0.164、0.074、0.059、0.040、0.035、0.029、0.026、0.021和0.200；调查到林下灌木40种，隶属21科37属，其中林下灌木重要值的平均值为0.025，则林下优势灌木为黄刺玫、悬钩子、杠柳、山桃、臭椿、荆条、绣线菊、丁香和沙棘，其重要值分别为0.218、0.195、0.095、0.073、0.063、0.034、0.031、0.030和0.030。

刺槐近熟林5个林分密度的林下草本植物共37种，隶属15科33属，其中以菊科为主，其占总科数的43.24%，其次是禾本科和蔷薇科，各占8.11%。如表5-2所示，草本植物中重要值的平均值为0.027，大于平均值的优势种有8种；成熟林5个林分密度的林下草本植物共22种，隶属13科18属，其中菊科占40.91%、禾本科占13.64%，草本重要值的平均值为0.045，大于平均值的优势种有7种；过熟林5个林分密度的林下草本植物共22种，隶属11科17属，其中菊科占50.00%、蔷薇科占9.09%，草本重要值的平均值为0.045，大于平均值的优势种有5种。

刺槐近熟林5个林分密度的林下灌木植物共22种，隶属16科20属，其中以蔷薇科为主，占总科数18.18%，其次是鼠李科、杨柳科和胡颓子科各占9.09%。灌木重要值的平均值为 0.043，大于平均值的优势种有 8 种，其具体优势种和重要值可见表 5-2；成熟林林下灌木植物共 27 种，隶属 16 科 26 属，其中蔷薇科占 14.81%，其次为鼠李科、无患子科、木犀科和漆树科等 7 科各占 7.41%。灌木重要值的平均值为 0.040，大于平均值的优势种有 5 种；过熟林林下灌木植物共 20 种，隶属 13 科 20 属，其中蔷薇科占 20.00%，其次为忍冬科、木犀科、鼠李科和豆科各占 10%。灌木重要值的平均值为 0.050，大于平均值的优势种有 4 种，其具体优势种和重要值可见表 5-2。

物种多样性是评价森林生态系统稳定与否的重要指标，其中物种多样性指数（Simpson 指数和 Shannon-Wiener 指数）是表示群落内种类多样性的程度，是物种丰富度和均匀度的函数，可以清晰地显示出森林群落的结构。多样性指数值越高，则表明植物种类越多、种间关系越密切。由图 5-1 可知，刺槐林林下植被的多样性指数均表现出随林龄的增加而减小的趋势，即近熟林>成熟林>过熟林；在同一龄组中，林下植被的多样性指数随林分密度的增加呈减小的趋势；在近熟林和成熟林中，草本多样性指数大于灌木，在过熟林中，灌木多样性指数大于草本。丰富度指数（Margalef 指数）是指群落中所含物种丰富程度的数量指标，由图 5-1 可知，刺槐林林下植被的丰富度指数表现出随林龄的增加而减小的趋势，即近熟林>成熟林>过熟林；在近熟林和成熟林中，林下植被的丰富度指数在各林分密度条件下差异不显著，在过熟林中，林下植被的丰富度指数随林分密度的增加而减小，且差异显著；在近熟林中，草本丰富度指数大于灌木，在成熟林和过熟林中，灌木丰富度指数大于草本。均匀度指数（Hurlbert 指数）是指群落中全部物种个体数目分配状况的数量指标。由图 5-1 可知，刺槐林林下植被的均匀度指数表现出随林龄的增加而减小的趋势即近熟林>成熟林>过熟林；在近熟林中，草本均匀度指数大于灌木，在成熟林和过熟林中，灌木均匀度指数大于草本；高密度刺槐林林下植被均匀度均较低。

综上可知，晋西黄土区刺槐林草本层主要以菊科、禾本科和蔷薇科为主，其优势种主要为䅟草、铁杆蒿、薹草、沿阶草、白莲蒿、茜草等，灌木层主要以蔷薇科、鼠李科和木犀科等为主，其灌木优势种主要为黄刺玫、悬钩子、杠柳、臭椿、荆条、绣线菊等。根据草本层与灌木层物种多样性各指数的特征变化可知，在近熟林中草本的多样性和丰富度最大，在过熟林中其多样性和丰富度最小；而灌木在过熟林中的多样性和均匀度最大，在成熟林最小，由此可知随着林龄的增加，占主要优势的林下植被由草本植物逐渐向木本植物演替。

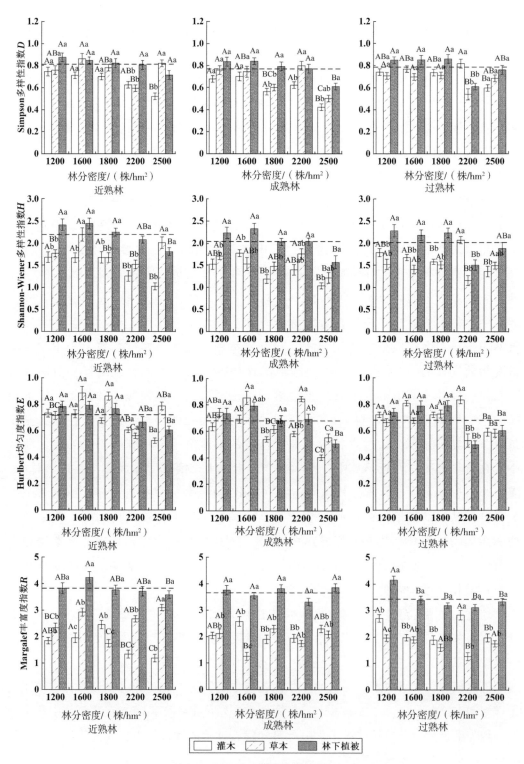

图5-1 各龄组不同密度刺槐林林下植被多样性指数

注：图中虚线表示不同龄组刺槐林林下植被多样性指数的平均值。

表5-2 不同龄组刺槐林林下植被优势种及重要值

林下植被	科	属	种	拉丁名	优势种重要值		
					近熟林	成熟林	过熟林
草本	菊科	蒿属	青蒿	*Artemisia caruifolia*	0.054	—	—
	菊科	飞蓬属	一年蓬	*Erigeron annuus*	0.048	—	—
	菊科	麻花头属	麻花头	*Klasea centauroides*	0.046	0.090	—
	菊科	风毛菊属	风毛菊	*Saussurea japonica*	0.028	0.047	—
	菊科	蒿属	铁杆蒿	*Artemisia gmelinii*	—	0.322	0.190
	菊科	蒿属	白莲蒿	*Artemisia sacrorum*	—	0.051	0.063
	茜草科	茜草属	茜草	*Rubia cordifolia*	0.068	—	—
	禾本科	鹬草属	鹬草	*Phalaris arundinacea*	0.370	0.075	0.460
	莎草科	薹草属	薹草	*Carex* spp.	0.107	0.087	0.046
	桔梗科	牧根草属	牧根草	*Asyneuma japonicum*	0.046	—	—
	百合科	沿阶草属	沿阶草	*Ophiopogon bodinieri*	—	0.065	0.062
灌木	蔷薇科	悬钩子属	悬钩子	*Rubus corchorifolius*	0.192	0.213	0.106
	蔷薇科	蔷薇属	黄刺玫	*Rosa xanthina* Lindl	0.150	0.248	0.314
	蔷薇科	绣线菊属	绣线菊	*Spiraea salicifolia*	0.045	—	—
	蔷薇科	桃属	山桃	*Amygdalus davidiana*	—	—	0.158
	萝藦科	杠柳属	杠柳	*Periploca sepium*	0.181	0.069	—
	木犀科	丁香属	丁香	*Syringa oblata*	0.069	0.104	—
	葡萄科	蛇葡萄属	乌头叶蛇葡萄	*Ampelopsis aconitifolia*	0.064	—	—
	鼠李科	枣属	酸枣	*Ziziphus jujuba* var. *spinosa*	0.055	—	—
	马鞭草科	牡荆属	荆条	*Vitex negundo* var. *heterophylla*	0.046	—	—
	苦木科	臭椿属	臭椿	*Ailanthus altissima*	—	0.049	0.080

5.1.2 林下植被生物量特征及影响因素分析

生物量是森林植被群落结构和功能最重要的数量特征之一，生物量作为研究生态系统最基本的特征数据，对评价森林健康具有重要作用（Luxmoore et al., 2008）。对刺槐林近熟林、成熟林和过熟林 3 个龄组的 5 个林分密度（1200 株/hm²、1600 株/hm²、1800 株/hm²、2200 株/hm² 和 2500 株/hm²）的林下植被生物量进行分析研究，由图5-2可知，刺槐林草本层的平均生物量随林龄的增加呈现先减小后增大的趋势，其变化范围为 1.21~1.39 t/hm²；灌木层平均生物量随林龄的增加而增加，其变化范围为 0.78~1.35 t/hm²；刺槐林林下植被生物量整体上表现为过熟林>近熟林>成熟林。

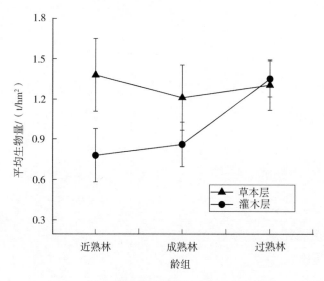

图5-2 不同龄组刺槐林林下植被平均生物量

影响林下植被生长的因素有很多，如立地条件、气候因素和林分自身因素等。而本书主要探究了林分自身相关的指标对林下灌草生物量的影响，并对其相关因素进行了相关性分析，结果如图 5-3 所示，草本层生物量和灌木层生物量均与林分郁闭度呈显著负相关关系（$P<0.05$），且相关性指数分别为-0.34 和-0.31，即随林分郁闭度的增加林下植被生物量减小；乔木层生物量与林分郁闭度呈极显著正相关关系（$r=0.47$，$P<0.01$）；林分密度与林分郁闭度的正相关关系显著（$r=0.35$，$P<0.05$），即林分密度越大林分郁闭度越大。

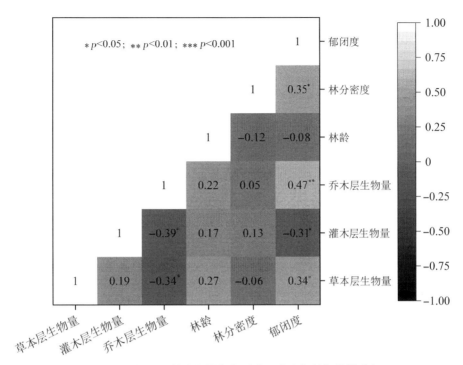

图 5-3 林下植被生物量与各影响因素之间的相关性分析

5.1.3 林下植被生物量与乔木层生物量之间的权衡关系

（1）林分密度和林龄对郁闭度的影响

林分郁闭度是比其他林分结构参数更能直接影响林下植被生物量的指标。通过对林分郁闭度的实测数据运用上边界线法分析郁闭度随树龄和林分密度的变化，结果如图 5-4 所示，林分郁闭度随林分密度和树龄的变化遵循林分密度的幂函数和林龄的逻辑斯蒂生长模型规律。因此，对郁闭度随林龄和林分密度变化的关系模型进行参数拟合，得到如下模型：

$$C = \frac{0.9}{1 + 11.96e^{-0.016t}} \cdot N^{0.279} \qquad R^2 = 0.644 \qquad (5-1)$$

通过拟合模型计算林分密度和林龄对林分郁闭度的影响（图 5-5），结果表明，在相同林龄条件下，林分郁闭度随林分密度的增加而增大；在相同林分密度条件下，林分郁度随年龄的增加而增大，但随着林龄的增加其增长率在降低。

（2）郁闭度对乔木层和林下植被层生物量的影响

基于 45 个样地数据，分析乔木层生物量和林下植被生物量随郁闭度的变化。图 5-6 中的上边界线表明，在一定的郁闭度阈值前后，乔木层生物量和林下植被生物量的变化率都有明显的变化。

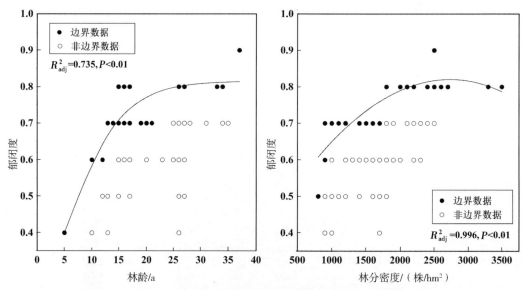

图 5-4 根据实测数据的上边界线表示郁闭度随林龄和林分密度的变化

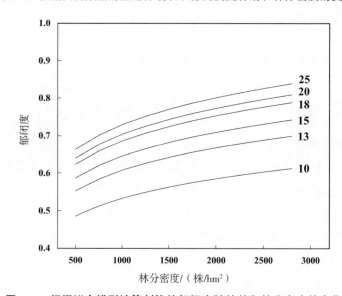

图 5-5 根据拟合模型计算刺槐林郁闭度随林龄和林分密度的变化

乔木层生物量随郁闭度的增加而增加，首先是在郁闭度低于 0.7 时以较快的速度增加，然后在郁闭度大于 0.7 的范围内增加的速度降低，之后逐渐趋于平稳。林下植被生物量随郁闭度的增加而降低，在大于 0.7 的郁闭度范围内，林下植被生物量随郁闭度的增加其降低的速度越来越快，从上边界原始数据来看 0.5~0.7 可能是维持较高林下生物量的最佳郁闭度范围。

从乔木层生物量和林下植被生物量随郁闭度变化的响应来看，最佳郁闭度应该在 0.7 左右，此时乔木层生物量和林下植被生物量能同时接近其最大值。因此，将郁闭度保持在 0.7 当作乔木层生物量和林下植被生物量之间权衡的原则。

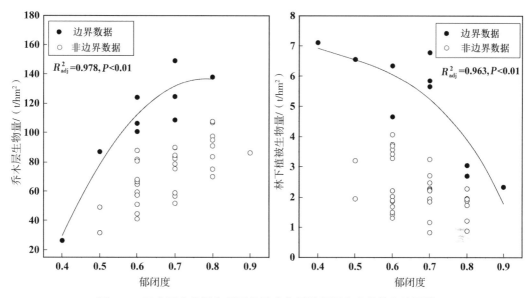

图 5-6　乔木层生物量和林下植被生物量随郁闭度变化的上边界线

乔木层生物量一直是影响林下植被生物量的重要因素。将两者进行回归得到如图 5-7 所示的回归关系。其中，林下生物量随着乔木层生物量的增加而降低。

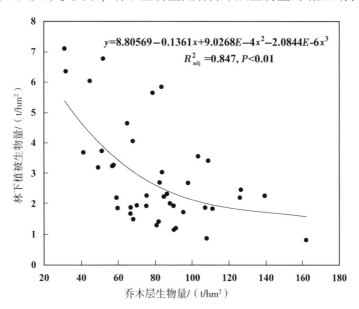

图 5-7　林下植被生物量随乔木层生物量的变化

（3）林下植被生物量与乔木层生物量之间的权衡

当保持较高的乔木层生物量和林下植被生物量时，存在对林分密度的竞争关系。这种竞争关系在给定现场条件下，随着林分密度和林龄的变化而变化。因此，通过将0.7的最佳郁闭度和给定的林龄输入方程，可以计算出可能获得更高的乔木层生物量和林下植被生物量的适宜林分密度，其用到式（4-35）、式（5-1）和来自图5-7的回归方程。例如，将林龄为10a、13a、15a、18a、20a和25a代入方程可得出权衡乔木层生物量与林下植被生物量之间的适宜林分密度分别为2300株/hm²、2000株/hm²、1800株/hm²、1500株/hm²、1400株/hm²和1100株/hm²左右（图5-8）。通过模型计算出相应的乔木层生物量分别为29.67t/hm²、50.04t/hm²、63.49t/hm²、75.38t/hm²、80.88t/hm²和74.96t/hm²，相应的林下植被生物量分别为5.51t/hm²、4.00t/hm²、3.28t/hm²、2.79t/hm²、2.61t/hm²和2.81t/hm²。

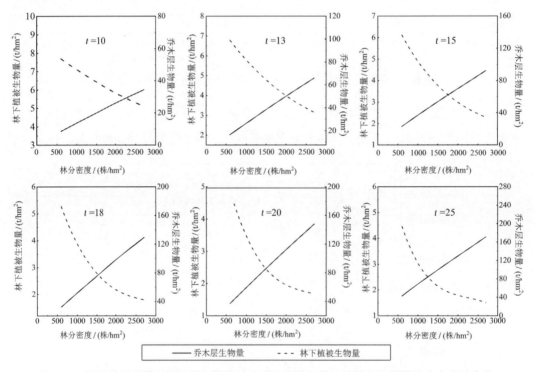

图5-8 根据模型计算不同林龄刺槐林乔木层生物量和林下植被生物量随林木密度的变化

5.2 刺槐林水源涵养功能特征

水源涵养能力是指森林生态系统通过植被层、枯枝落叶层和土壤层拦蓄降水，有效积蓄土壤水分补充地下水的能力，是森林生态系统重要的生态服务功能之一（张佳楠等，2019）。本研究分别对刺槐林植被层截留、枯落物层持水和土壤层持水等特征进行研究，并通过综合蓄水法对该研究区刺槐林水源涵养量进行计算。

5.2.1 植被层截留特征

森林植被常被认为是一个复层结构，通常是由乔木层、灌木层和草本层组成的。其中，不同的植被组成其截留量不同（汪有科等，1994）。植被的截留是指被乔木层、灌木层和草本层截留吸附积蓄在植被层的降雨量。图 5-9 所示为刺槐林不同龄组不同林分密度植被层的截留情况，刺槐林不同龄组的植被层截留能力如图中虚线所示为过熟林（8.59 t/hm²）>成熟林（7.84 t/hm²）>近熟林（6.63 t/hm²）。在刺槐近熟林中，植被层截留量随林分密度的增加表现为先增大后减小，在林分密度为1800 株/hm²时，植被层的截留量最大且为 8.05 t/hm²；在刺槐成熟林中，植被层截留量随林分密度的增加同样表现为先增大后减小，其在林分密度为 1600 株/hm²时植被层的截留量最大且为 9.55 t/hm²；在刺槐林过熟林中，植被层截留量随林分密度的增加整体呈减小趋势，其中在林分密度为 1200 株/hm²时植被层的截留量最大且为 9.63 t/hm²。

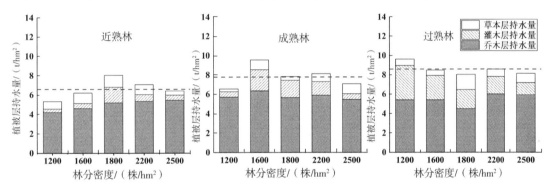

图 5-9 刺槐林不同龄组不同林分密度植被层的截留特征

注：图中虚线表示不同龄组植被层持水量的平均值。

图 5-10 表示为刺槐林不同龄组不同植被层的截留特征，刺槐近熟林各植被层截留能力表现为乔木层（75.67%）>草本层（13.73%）>灌木层（10.60%）；在刺槐成熟

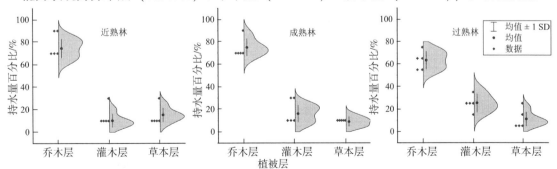

图 5-10 刺槐林不同龄组不同植被层的截留特征

林中，各植被层截留能力表现为乔木层（75.00%）>灌木层（16.02%）>草本层（8.98%）；在刺槐过熟林中，各植被层截留能力表现为乔木层（63.74%）>灌木层（25.53%）>草本层（10.73%），即随着林龄的增加灌草层截留能力逐渐增加。

5.2.2 枯落物层持水特征

枯落物层是森林生态系统结构和功能的重要组成部分，不仅为植被生长提供大量的养分，还能拦蓄降水，削减雨滴对地表的溅蚀，减少地表径流的产生，改良土壤结构、抑制土壤蒸发，起到保持水土和涵养水源的作用。为探究不同林龄不同密度刺槐林枯落物的持水特性，故在设置的典型刺槐林样地中，根据不同林龄筛选出相同且具有代表性的 5 个林分密度（1200 株/hm²、1600 株/hm²、1800 株/hm²、2200 株/hm² 和 2500 株/hm²）进行枯落物持水性能的研究。

（1）枯落物的厚度与蓄积的分布特征

由图 5-11 可知，枯落物的厚度随林龄的增加而增大，刺槐林各龄组的枯落物平均厚度具体表现为过熟林［（4.6±0.6）cm］>成熟林［（3.8±1.0）cm］>近熟林［（3.0±0.5）cm］，如虚线所示。其中，近熟林枯落物的平均厚度与过熟林的枯落物平均厚度表现出显著的差异性（$\alpha = 0.05$，$P = 0.009$）。半分解层枯落物的厚度随林龄增加的变化规律与枯落物平均厚度的变化规律一致，即随林龄的增加而增大。

在刺槐林各龄组中，枯落物的厚度随林分密度的增加其变化规律略有不同。其中，在刺槐林近熟林中，枯落物的厚度变化范围在 2.4~3.5cm，其随林分密度的增加而增加，且在林分密度为 2500 株/hm² 时，枯落物的厚度最大且为 3.5cm；在刺槐林成熟林中，枯落物的厚度变化范围在 2.9~5.4cm，其随林分密度的增加呈现先增加后减少的趋势，且在林分密度为 1600 株/hm² 时，枯落物的厚度最大为 5.4cm；在刺槐林过熟林中，枯落物的厚度变化范围在 4.0~5.5cm，其随林分密度的增加整体呈现减小的趋势，其在 1200 株/hm² 时厚度最大为 5.5cm。

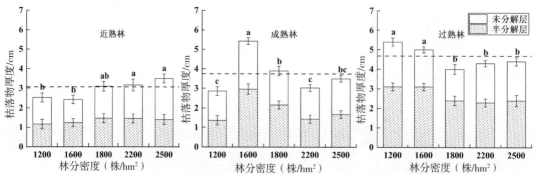

图 5-11　刺槐林不同龄组不同林分密度下枯落物厚度的分布特征

注：图中虚线表示不同龄组枯落物厚度的平均值。

由图 5-12 可知，刺槐林各龄组枯落物的平均蓄积量与枯落物平均厚度的变化一致，即随林龄的增加而增大。其中，刺槐林各龄组枯落物的平均蓄积量具体表现为：过熟林 [（16.45±1.49）t/hm²] >成熟林 [（10.72±2.98）t/hm²] >近熟林 [（7.13±2.44）t/hm²]，如图中虚线所示。其中过熟林的枯落物平均蓄积量分别与近熟林和成熟林的枯落物平均蓄积量之间差异显著（$\alpha=0.05$，$P_{近熟林}=0$，$P_{成熟林}=0.008$），而近熟林和成熟林之间的枯落物蓄积量差异不显著。随林龄的增加枯落物蓄积增加，这是因为随林龄的增加刺槐林的枝叶量增大，而且林下灌草的多样性和数量也在增加，使枯落物的蓄积随时间的变化处于积累的状态。

如图 5-12 所示，在刺槐近熟林中，枯落物蓄积量随林分密度的增加表现出先增加后减小的趋势，枯落物的蓄积量范围在 4.57~10.65t/hm²，在林分密度为 1800 株/hm² 时，枯落物蓄积量最大，且该林分密度下的枯落物蓄积量与其他林分密度的枯落物蓄积量之间表现出显著的差异性；在刺槐成熟林中，枯落物的蓄积量范围在 7.72~17.41t/hm²，在林分密度为 1600 株/hm² 时，枯落物的蓄积量最大，且该林分密度下的枯落物蓄积量与其他林分密度的枯落物蓄积量之间表现出显著的差异性；在刺槐过熟林中，枯落物的蓄积量范围在 14.54~18.64t/hm²，其中枯落物蓄积量最大，在林分密度为 1200 株/hm² 时，而此林分密度下的枯落物蓄积量分别与林分密度为 1800 株/hm²、2200 株/hm² 和 2500 株/hm² 的枯落物蓄积量之间表现出显著性差异。在同一龄组中，随林分密度的增加，枯落物蓄积量呈现先增加后减小的趋势。这是因为随着林分密度的增加，林分蓄积增大，枝叶蓄积量也在增加，但随着林分密度的增加，林木个体的生存空间、水分和养分等资源竞争加剧，外加立地因子如坡度和坡向等条件的影响，使得林木生长受限，林分蓄积和枝叶蓄积相对减小。

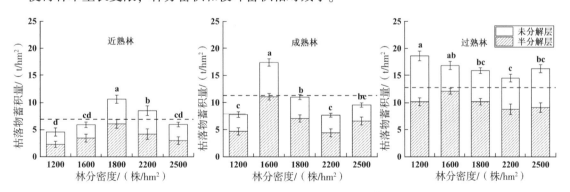

图 5-12 刺槐林不同龄组不同林分密度下枯落物蓄积的分布特征

注：图中虚线表示不同龄组枯落物蓄积的平均值。

（2）枯落物的持水能力特征分析

枯落物的最大持水量是表征枯落物持水能力的重要指标。由图 5-13 可知，刺槐各龄组枯落物的最大持水量表现为过熟林 [（48.53±5.36）t/hm²] >成熟林 [（29.12±

9.53）t/hm²］>近熟林［（21.62±7.75）t/hm²］，如虚线所示。枯落物的最大持水量与枯落物的蓄积和厚度随林龄变化的规律较一致，主要是因为枯落物的最大持水量与枯落物的组成和蓄积量息息相关，在同一植被类型下，枯落物的蓄积量越大，枯落物的最大持水量越大。

通过对枯落物各分解层的持水能力进行分析可知，刺槐各龄组的枯落物最大持水量均表现为半分解层>未分解层，其中在刺槐近熟林中，半分解层［（12.32±2.41）t/hm²］>未分解层［（9.30±1.70）t/hm²］；在刺槐成熟林中，半分解层［（18.92±2.80）t/hm²］>未分解层［（10.20±1.87）t/hm²］；在刺槐过熟林中，半分解层［（30.47±3.60）t/hm²］>未分解层［（18.06±2.92）t/hm²］。

由图 5-13 可知，在刺槐近熟林中，枯落物最大持水量随林分密度的增加呈现先增大后减小的趋势，其中不同林分密度的枯落物最大持水量排序为 1800 株/hm²（34.78t/hm²）>2200 株/hm²（20.35t/hm²）>2500 株/hm²（20.20t/hm²）>1600 株/hm²（18.48t/hm²）>1200 株/hm²（14.29t/hm²）；在刺槐成熟林中，枯落物最大持水量的变化规律整体上也呈现先增加后减小的趋势，其中不同林分密度的枯落物最大持水量排序为1600 株/hm²（44.54t/hm²）>1800 株/hm²（30.39t/hm²）>2500 株/hm²（27.54t/hm²）>2200 株/hm²（23.53t/hm²）>1200 株/hm²（19.60t/hm²）；在刺槐过熟林中，枯落物的最大持水量随林分密度的增加整体呈现减小的趋势，其中不同林分密度的枯落物最大持水量排序为 1200 株/hm²（56.14t/hm²）>1600 株/hm²（51.34t/hm²）>2200 株/hm²（47.24t/hm²）>2500 株/hm²（45.60t/hm²）>1800 株/hm²（42.31t/hm²）。

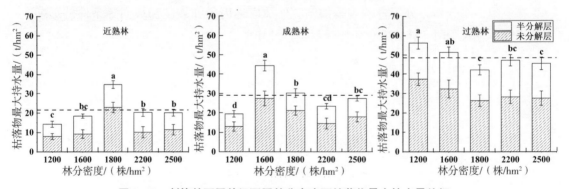

图 5-13　刺槐林不同龄组不同林分密度下枯落物最大持水量特征

注：图中虚线表示不同龄组枯落物最大持水量的平均值。

（3）枯落物的拦蓄能力特征分析

由图 5-14 可知，刺槐不同龄组不同密度枯落物最大拦蓄量的变化范围为 11.74~44.26t/hm²，其中各龄组枯落物的最大拦蓄量表现为过熟林（39.50t/hm²）>成熟林（21.85t/hm²）>近熟林（16.14t/hm²）；刺槐各龄组枯落物的有效拦蓄量的变化范围为 8.89~35.54t/hm²，与枯落物最大拦蓄量变化规律一致。

对枯落物各分解层的拦蓄能力进行分析可知，刺槐各龄组枯落物的最大拦蓄量和有效拦蓄量均表现为半分解层>未分解层；其中，未分解层枯落物的最大拦蓄量变化范围为 $5.65 \sim 19.83 t/hm^2$，有效拦蓄量变化范围为 $4.56 \sim 15.95 t/hm^2$；半分解层枯落物的最大拦蓄量变化范围为 $5.82 \sim 32.42 t/hm^2$，有效拦蓄量变化范围为 $4.21 \sim 24.30 t/hm^2$；在刺槐近熟林中，半分解层［$(12.32\pm2.41) t/hm^2$］>未分解层［$(9.30\pm1.70) t/hm^2$］；在刺槐成熟林中，半分解层［$(18.92\pm2.80) t/hm^2$］>未分解层［$(10.20\pm1.87) t/hm^2$］；在刺槐过熟林中，半分解层［$(30.47\pm3.60) t/hm^2$］>未分解层［$(18.06\pm2.92) t/hm^2$］。随着林龄的增加，半分解层与未分解层的拦蓄能力也在逐渐提高。

由图 5-14 和图 5-15 可知，在刺槐近熟林中，各林分密度的枯落物最大拦蓄量排序为 1800 株/hm^2（$26.45 t/hm^2$）>1600 株/hm^2（$16.74 t/hm^2$）>2200 株/hm^2（$13.93 t/hm^2$）>1200 株/hm^2（$11.83 t/hm^2$）>2500 株/hm^2（$11.74 t/hm^2$），在枯落物有效拦蓄量排序为 1800 株/hm^2（$21.23 t/hm^2$）> 1600 株/hm^2（$13.21 t/hm^2$）> 2200 株/hm^2（$10.88 t/hm^2$）>2500 株/hm^2（$9.59 t/hm^2$）>1200 株/hm^2（$8.90 t/hm^2$）；在刺槐成熟林中，各林分密度刺槐林枯落物最大拦蓄量排序为 1600 株/hm^2（$35.01 t/hm^2$）>1800 株/hm^2（$21.27 t/hm^2$）>2200 株/hm^2（$17.74 t/hm^2$）>2500 株/hm^2

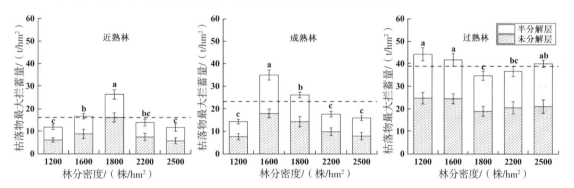

图 5-14　刺槐林不同龄组不同林分密度下枯落物最大拦蓄量特征

注：图中虚线表示不同龄组枯落物最大拦蓄量的平均值。

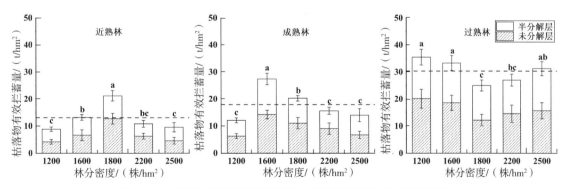

图 5-15　刺槐林不同龄组不同林分密度下枯落物有效拦蓄量特征

注：图中虚线表示不同龄组枯落物有效拦蓄量的平均值。

（15.98t/hm²）>1200 株/hm²（14.33t/hm²），其枯落物有效拦蓄量与最大拦蓄量的林分密度排序一致；在刺槐过熟林中，各林分密度刺槐林枯落物最大拦蓄量排序为 1200 株/hm²（44.26t/hm²）>1600 株/hm²（41.76t/hm²）>2500 株/hm²（40.06t/hm²）>2200 株/hm²（36.69t/hm²）>1800 株/hm²（34.72t/hm²），其枯落物有效拦蓄量与最大拦蓄量的林分密度排序一致。

5.2.3 土壤层持水与入渗特征

（1）土壤层持水特征

①土壤孔隙度

土壤孔隙度是指土壤孔隙容积占单位土体容积的百分比，其大小、数量及分配是土壤物理性质的基础，其与土壤质地、团聚体直径以及有机质含量等有关，对土壤的水、肥、气、热产生显著影响，是评价土壤结构特征的重要指标（张希彪等，2006；周巧稚，2019；张恒硕等，2020）。

通过对刺槐林近熟林、成熟林和过熟林的各林分密度的 0~60cm 土层的土壤孔隙度进行分析可知，土壤总孔隙度随刺槐林林龄的增加呈增加趋势。但通过对各龄组刺槐林土壤总孔隙度的单因素方差分析可知，各龄组刺槐林土壤总孔隙度差异不显著。该研究区近熟林、成熟林和过熟林的各林分密度刺槐林的土壤总孔隙度范围在 0.46~0.53，各龄组土壤总孔隙度平均值在 0.5 左右（图 5-16）。其中，在近熟林中，土壤总孔隙度随林分密度的增加呈现先增加后减小的趋势，且在林分密度为 1800 株/hm² 时最大，其值为 0.52；在成熟林中，土壤总孔隙度随林分密度的变化与近熟林一致，但土壤总孔隙度最大出现在林分密度为 1600 株/hm² 时，其值为 0.52；在过熟林中，林分密度为 1200 株/hm² 时的土壤总孔隙度最大为 0.53。各龄组刺槐林土壤毛管孔隙度与土壤总孔隙度变化趋势一致，均随林龄的增加而增大，且各龄组土壤毛管孔隙范围为 0.40~0.50；非毛管孔隙度随林龄的增加而减小，其范围为 0.03~0.07（图 5-17）。

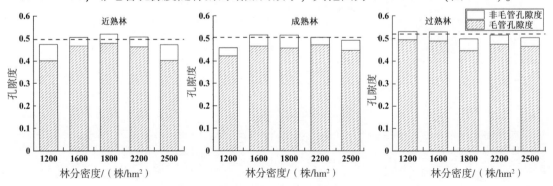

图 5-16 不同龄组不同林分密度刺槐林土壤孔隙分布状况

注：图中虚线表示不同龄组土壤总孔隙度的平均值。

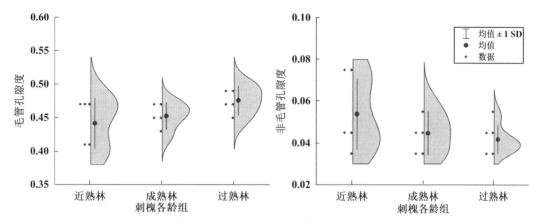

图 5-17 刺槐林各同龄组土壤毛管孔隙与非毛管孔隙分布状况

②土壤的持水性能

土壤的持水能力是评价土壤涵养水源的一个重要指标。刺槐林近熟林、成熟林和过熟林各林分密度的土壤最大持水量、毛管持水量和非毛管持水量的计算结果如表5-3所示。由表可知，土壤最大持水量随林龄的增加而增大，即近熟林（2974.22±127.77）>成熟林（2984.48±143.20）>过熟林（3094.87±88.03）。在近熟林中，土壤最大持水量随林分密度的增加呈现先增加后减小的趋势，在林分密度为1800株/hm²时，土壤最大持水量最大为3119.10t/hm²；在成熟林中，土壤最大持水量也随林分密度的增加呈现先增加后减小的趋势，当林分密度为1600株/hm²时，土壤最大持水量最大为3095.40t/hm²；在过熟林中，当土壤最大持水量出现在林分密度为1200株/hm²时，其最大值为3185.10t/hm²。土壤毛管持水量随刺槐林林龄的增加其变化规律与土壤最大持水量的变化规律一致。非毛管持水量随刺槐林林龄的增加而减小。

表 5-3 不同龄组不同林分密度刺槐林土壤层持水量

龄组	林分密度/ （株/hm²）	最大持水量/ （t/hm²）	毛管持水量/ （t/hm²）	非毛管持水量/ （t/hm²）
近熟林	1200	2843.40	2405.16	438.24
	1600	3031.68	2799.96	231.72
	1800	3119.10	2868.48	250.62
	2200	3041.76	2773.74	268.02
	2500	2835.18	2407.50	427.68
	Mean±SD	2974.22±127.77	2650.97±225.99	323.26±101.03

（续表）

龄组	林分密度/ （株/hm²）	最大持水量/ （t/hm²）	毛管持水量/ （t/hm²）	非毛管持水量/ （t/hm²）
成熟林	1200	2750.10	2531.80	218.30
	1600	3095.40	2797.40	298.00
	1800	3092.30	2739.80	352.50
	2200	3031.30	2833.00	198.30
	2500	2953.30	2677.20	276.10
	Mean±SD	2984.48±143.20	2715.84±118.66	268.64±62.11
过熟林	1200	3185.10	2967.90	217.20
	1600	3179.64	2936.10	243.54
	1800	2992.74	2673.06	319.68
	2200	3094.38	2849.40	244.98
	2500	3022.50	2792.22	230.28
	Mean±SD	3094.87±88.03	2843.74±118.07	251.14±39.94

（2）土壤层入渗特征

①土壤层入渗特征分析

土壤渗透性是表征土壤对降水进行就地入渗和吸收的能力，其能影响到降雨产流量及对土壤水分的补给，是评价林地水分调节能力的主要标志之一（张希彪等，2006）。

对刺槐近熟林、成熟林和过熟林的各林分密度的土壤入渗进行研究，由图 5-18 可知，在同一林分密度条件下，刺槐林的初始入渗速率随林龄的增加而增大，且各龄组之间表现出显著差异性。其中，通过对各龄组刺槐林的初始入渗速率进行单因素方差分析可知，在林分密度为 1200 株/hm² 和 1600 株/hm² 的条件下，近熟林和成熟林的土壤初始入渗速率分别与过熟林的土壤初始入渗速率均表现出显著差异性（$P<0.05$）；在林分密度为 2200 株/hm² 条件下，近熟林的刺槐林土壤初始入渗速率与过熟林的初始入渗速率表现出显著差异（$P<0.05$）。通过对比同一林分密度条件下各龄组刺槐林的稳渗速率的平均值可知，刺槐林的稳渗速率随林分密度增加而增大，即林分密度为 2200 株/hm² 的稳渗速率（2.02±0.45）>1600 株/hm² 的稳渗速率（1.58±0.34）>1200 株/hm² 的稳渗速率（1.50±0.32），但各林分密度条件下的稳渗速率差异不显著（$P>0.05$）。

通过求得的近熟林、成熟林和过熟林各林分密度的初始入渗速率平均值可知，刺槐林的初始入渗速率随林龄的增加而增大，即过熟林（29.80±7.54）>成熟林（22.21±2.21）>近熟林（19.13±2.69），且近熟林与过熟林的初始入渗速率差异显著（$P<0.05$）；通过求得的近熟林、成熟林和过熟林各林分密度的稳渗速率的平均值可知，刺

槐林的稳渗速率随林分林龄的增加而增大，即过熟林（2.17±0.23）>成熟林（1.59±0.16）>近熟林（1.44±0.13）且各龄组之间表现出显著差异性。

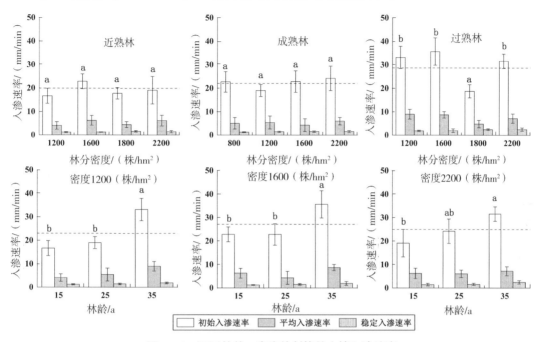

图 5-18　不同林龄、密度的刺槐林土壤入渗速率

注：图中虚线表示初始入渗速率的平均值。

②土壤入渗过程模拟

由图 5-19 表明土壤入渗速率随时间的推移逐渐减小，其过程主要分为土壤入渗速率的急速下降、平缓下降和稳定 3 个阶段（徐敬华，2008；崔艳红等，2021）。刺槐林在各龄组不同林分密度条件下，均表现出初始入渗速率>平均入渗速率>稳定入渗速率。且在入渗 20min 左右入渗速率趋于平稳，达到稳渗速率。

选取 4 种常用的土壤入渗模型：Horton 模型、Koistakov 模型、Philip 模型和通用经验模型对不同龄组不同林分密度刺槐林土壤入渗过程进行模拟。由表 5-4 可知 Horton 模型模拟的初始入渗速率和稳定入渗速率的值均比实测值大，分别与实测值相差 1.29 ~5.43mm/min 和 0.21~0.59mm/min。在 Kostiakov 模型中，参数 b 是指入渗速率随时间减小的程度，由表 5-4 可知，b 的取值及其范围在 0.499~0.597，由此可知，各林龄不同密度刺槐林入渗速率随时间减小的程度相差不大。在 Philip 模型中，S 为吸渗率，且在一定程度上能够反映初始入渗速率的大小，f_s 为稳渗速率，其模拟的数值小于实测值，与实测值相差 0.38~1.24mm/min。Philip 模型中的 S 与 Horton 模型中 f_o-f_s 值在同一密度条件下随着林龄的增加而呈现明显的增加趋势，表明刺槐林随着林龄的增加土壤入渗能力增强。回归系数 R^2 作为模型模拟效果判定依据，其中 R^2 越大表明模型模拟的效果越好。通过表5-4中模型的回归系数 R^2 可知，该4个模型对晋西黄土区不同林龄不同密度刺槐林土壤入渗过程的模拟效果均较好（$R^2>0.900$），其中通用经验模型的平均回归系数（0.977）>Horton 模型的平均回归系数（0.958）>Kostiakov 模型的回归系数（0.953）>Philip 模型的回归系数（0.945）。因此认为通用经验模型更适用于模拟该研究区刺槐林的土壤入渗过程。

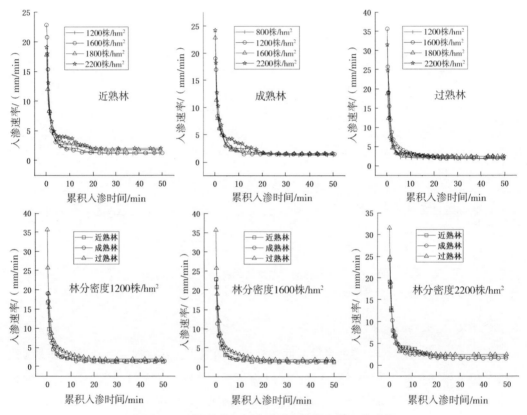

图5-19 不同林龄不同密度的刺槐林土壤入渗过程

③影响土壤入渗的因素分析

我们选取与土壤结构和土壤质地息息相关的11个影响因子，并将这些因子与土壤入渗的初始入渗速率、平均入渗速率和稳渗速率进行相关性分析，结果如表5-5所示，初始入渗速率与土壤初始含水量呈极显著负相关关系（$P<0.01$）；平均入渗速率与土壤初始含水量呈显著负相关关系（$P<0.05$），与非毛管孔隙度和 0.5~1.0mm 水稳性团聚体呈显著正相关关系（$P<0.05$），其中与土壤初始含水量相关性最高；稳渗速率与土壤容重呈极显著负相关关系（$P<0.01$），与 1~2mm 水稳性团聚体和 0.5~1.0mm 水稳性团聚体呈极显著正相关关系（$P<0.01$），与有机质、土壤总孔隙度和毛管孔隙度呈显著正相关关系（$P<0.05$），其中与 1~2mm 水稳性团聚体相关性最高，表明稳渗速率受 1~2mm 水稳性团聚体的影响最大。

表5-4 土壤入渗模型模拟

林龄	林分密度/(株/hm²)	Horton 模型 $f_t=f_s+(f_o-f_s)\cdot e^{-\beta t}$				Koistakov 模型 $f_t=a\cdot t^{-b}$			Philip 模型 $f_t=0.5\cdot S\cdot t^{-0.5}+f_s$			通用模型 $f_t=f_s+a\cdot t^{-b}$			
		f_s	f_o-f_s	β	R^2	a	b	R^2	S	f_s	R^2	a	f_s	b	R^2
近熟林	1200	1.799	18.046	0.806	0.979	8.384	0.583	0.945	19.068	0.843	0.954	8.490	0.572	0.052	0.994
	1600	1.605	26.798	0.879	0.933	10.557	0.587	0.942	21.402	1.815	0.943	14.416	0.439	3.017	0.954
	1800	2.410	18.666	0.833	0.980	9.294	0.522	0.973	22.028	0.185	0.872	8.805	0.555	0.355	0.994
	2200	2.923	20.600	0.757	0.975	10.857	0.499	0.957	22.973	0.144	0.917	12.727	0.419	1.504	0.960
成熟林	800	2.695	25.103	1.014	0.955	10.629	0.540	0.972	19.112	0.624	0.973	11.595	0.495	0.701	0.973
	1200	1.864	21.811	0.829	0.979	9.470	0.587	0.958	22.474	1.379	0.964	11.835	0.471	1.839	0.964
	1600	2.073	24.885	1.117	0.960	9.180	0.597	0.926	24.142	0.958	0.989	8.690	0.627	0.321	0.996
	2200	2.262	23.984	0.760	0.971	10.959	0.540	0.973	25.635	0.884	0.978	13.567	0.438	2.007	0.990
过熟林	1200	1.954	33.780	0.810	0.925	13.712	0.502	0.920	19.426	1.213	0.927	22.707	0.321	7.474	0.950
	1600	3.207	35.086	1.103	0.979	13.050	0.539	0.936	27.598	1.210	0.951	16.410	0.445	2.577	0.992
	1800	2.642	21.209	1.089	0.937	9.173	0.546	0.961	29.314	0.352	0.908	7.692	0.651	1.028	0.986
	2200	2.890	34.562	1.229	0.918	12.139	0.558	0.968	29.068	1.208	0.969	13.691	0.504	1.134	0.969

注：f_o和f_s分别表示初始和稳定入渗速率（mm/min）；f_t表示给定时间（t）的入渗速率（mm/min）；单位为分钟（min）；a、b和β为模型参数；S为吸渗率。

表 5-5　土壤入渗性能与影响因子的相关性分析

影响因素		初始入渗速率	平均入渗速率	稳定入渗速率
土壤初始含水量/%		−0.785 **	−0.672 *	−0.201
土壤容重		−0.425	−0.440	−0.751 **
有机质/%		0.418	0.256	0.647 *
土壤总孔隙度/%		0.238	0.277	0.663 *
毛管孔隙度/%		−0.004	0.006	0.681 *
非毛管孔隙度/%		0.548	0.614 *	0.054
水稳性团聚体	>5mm	0.030	−0.016	0.385
	2～5mm	0.199	0.504	0.169
	1～2mm	0.461	0.382	0.789 **
	0.5～1.0mm	0.544	0.666 *	0.754 **
	0.3～0.5mm	0.243	0.360	0.359

注：** 表示在 $P<0.01$ 呈极显著水平；* 表示在 $P<0.05$ 呈显著水平。

将以上 11 个因子在 SPSS 中进行主成分分析，其中因子载荷是指原始变量与主成分的相关系数，相关系数越大，该主成分就越能代表该原始变量（刘江等，2020）。结果如表 5-6 所示：特征值大于 1 的成分有 3 个，其值分别为 5.477、2.712 和 1.533，累积贡献率最为 79.287%，涵盖了大部分的信息，这表明前 3 个主成分能够代表最初 11 个因子对土壤入渗的影响，所以提取前 3 个因子，记作 F_1、F_2、F_3。第 1 个主成分因子由水稳性团聚体决定，其贡献率为 49.788%，其中 1～2mm 水稳性团聚体载荷最高（0.946），而 0.5～1.0mm、2～5mm、>5mm 的水稳性团聚体载荷均在 0.7 左右，0.3～0.5mm 水稳性团聚体载荷极低（0.158），其次土壤容重、土壤总孔隙度和毛管孔隙度在第 1 主成分中也有较高的载荷；第 2 主成分主要由有机质决定，贡献率为 15.559%，其次非毛管孔隙度和 0.3～0.5mm 水稳性团聚体有较高的载荷；第 3 主成分因子主要由土壤初始含水量决定，其载荷量为−0.648。

表 5-6　土壤入渗影响因子的主成分分析

主成分	F_1	F_2	F_3
土壤初始含水量/%	−0.423	0.334	−0.648
土壤容重	−0.926	−0.121	0.104
有机质/%	0.610	0.730	−0.216
土壤总孔隙度/%	0.923	−0.070	0.206
毛管孔隙度/%	0.799	0.252	0.456
非毛管孔隙度/%	0.391	−0.695	−0.504
>5mm 水稳性团聚体	0.733	−0.176	0.456

（续表）

主成分	F_1	F_2	F_3
2~5mm 水稳性团聚体	0.719	−0.389	0.244
1~2mm 水稳性团聚体	0.946	−0.004	−0.082
0.5~1.0mm 水稳性团聚体	0.671	0.203	−0.329
0.3~0.5mm 水稳性团聚体	0.158	0.628	−0.410
特征值	5.477	2.712	1.533
贡献率/%	49.788	15.559	13.939
累积贡献率/%	49.788	65.347	79.287

将主成分分析结果显示载荷较高的 11 个因子（载荷大于 0.6）作为自变量分别与因变量初始入渗速率（Y_1）、稳渗速率（Y_2）和平均入渗速率（Y_3）在 SPSS 中进行多元逐步回归，对选入的变量进行逐个检验，直到既无显著的自变量选入方程，也无不显著自变量从回归方程中剔除为止，并建立如下回归方程，经检验两者符合正态分布：

$$Y_1 = 44.823 - 2.410X_1 \qquad R^2 = 0.785 \qquad P = 0.002 < 0.01 \qquad (5-2)$$

$$Y_2 = 0.565 + 1.15X_2 - 0.754X_3 + 0.402X_4 \quad R^2 = 0.825 \qquad P = 0.002 < 0.01 \qquad (5-3)$$

$$Y_3 = 6.936 - 0.422X_5 + 0.293X_1 \qquad R^2 = 0.845 \qquad P = 0.004 < 0.01 \qquad (5-4)$$

式中：X_1 为土壤初始含水率；X_2 为 1~2mm 水稳性团聚体；X_3 为土壤容重；X_4 为毛管孔隙度；X_5 为 0.5~1mm 水稳性团聚体。

R^2 为判定系数，也称拟合优度，其大小决定了相关的密切程度，R^2 越大自变量对因变量的解释程度越高。由此可得，影响初始入渗速率的显著因子为土壤初始含水量；影响稳渗速率的显著因子有 1~2mm 水稳性团聚体、土壤容重和毛管孔隙度；影响平均入渗速率的显著因子为土壤初始含水量和 0.5~1.0mm 水稳性团聚体。

5.3 刺槐林保育土壤功能特征

土壤作为森林生态系统的重要组成部分，既能保证能量和物质交换，又能为生物活动提供重要场所。碳（C）、氮（N）、磷（P）是土壤中重要的组成元素，为植物体提供重要的养分原料，其含的高低代表土壤肥力的高低（任璐璐，2017），同时影响着林木的生长发育、生产力水平，也影响着有机质分解、微生物种群动态、根系养分吸收等一系列生物化学进程（张芸等，2019；任璐璐，2017）。土壤的生态化学计量是反映土壤养分的重要指标，土壤的 C/N 和 C/P 分别反映了土壤有机质的分解速率和磷的有效性，N/P 可确定养分限制的阈值（张芸等，2019；张继辉等，2020）。土壤化学计量比可以直接影响植物对这些元素的吸收和利用，甚至改变植物的整体生物量配置和生态策略（庞圣江等，2015；刘若莎等，2021）。因此，研究土壤碳、氮、磷的分布以及生态化学计量特征，对探究刺槐林土壤养分的限制以及碳、氮、磷循环具有重要意义。

5.3.1 刺槐林土壤化学性质特征

（1）土壤有机碳含量

由表 5-7 可知，各龄组刺槐人工林在 0~200cm 土层中，平均有机碳含量随林龄的增大而增大，具体表现为过熟林（4.26±1.21）>成熟林（3.63±0.71）>近熟林（2.77±0.51），其中过熟林与近熟林中的土壤有机碳含量表现出显著差异性（$P<0.05$），由此表明长期的植被恢复有利于土壤有机碳的固存。在各林分密度的刺槐人工林中，有机碳含量也随林龄的增大而增大，仅在林分密度为 2500 株/hm² 时，有机碳含量随林龄的增大而减小，但各龄组之间的有机碳含量差异不显著（$P>0.05$），由此可知在林分密度为 2500 株/hm² 时，有机碳含量的变化受林龄的影响较小。

表 5-7　刺槐林不同龄组不同林分密度的土壤有机碳含量

林分密度/	土壤有机碳含量/（g/kg）		
（株/hm²）	近熟林	成熟林	过熟林
1200	2.15±0.51Bb	2.95±0.35ABb	3.80±0.22Abc
1600	2.51±0.24Cab	4.75±0.35Ba	6.28±0.27Aa
1800	3.39±0.59Ba	3.87±0.89ABab	4.23±0.45Ab
2200	2.61±0.88Bab	3.41±0.62ABb	3.90±0.26Abc
2500	3.19±0.92Aab	3.16±0.34Ab	3.07±0.33Ac
平均值	2.77±0.51B	3.63±0.71AB	4.26±1.21A

注：A、B、C 表示各龄组之间的差异显著性（$P<0.05$）；a、b、c 表示各林分密度之间差异显著性（$P<0.05$）。

在刺槐林中，刺槐的水平根较发达，且无明显的主根，其根系分布主要集中在 0~200cm 土层深度，其生物量随土层深度的增加逐渐减少。故随根系的分布情况将土层深度划分为 0~50cm、50~100cm 和 100~200cm 进行土壤养分指标的相关分析。由表 5-8 可知，刺槐林的有机碳含量随土层深度的增加逐渐减少，即有机碳的平均含量表现为土层 0~50cm（6.08±1.60）>50~100cm（2.91±0.54）>100~200cm（1.67±0.13），且不同土层之间均表现出显著差异性（$P=0.001<0.05$）。在土层 0~50cm 中，有机碳含量随林龄的增加而增大，且近熟林与过熟林之间表现出显著差异性；在土层 50~100cm 中，有机碳含量也随林龄的增加而增大，但各龄组在该土层的有机碳含量表现出差异不显著；在土层 100~200cm 中，有机碳含量随林龄的增加呈先增加后减小的趋势，且通过单因素方差分析可知，各龄组在该土层的有机碳含量均表现出差异不显著。由此可知，有机碳含量在土壤表层产生"表聚"现象，即随土层深度的增加而减少并趋于稳定，随林木生长其对土壤表层的改良作用较明显。

表 5-8　刺槐林各龄组不同土层深度的土壤有机碳含量

龄组	土层深度		
	0~50cm	50~100cm	100~200cm
近熟林	4.47±0.98Ba	2.32±0.49Ab	1.52±0.19Ab
成熟林	6.08±1.41ABa	3.05±0.76Ab	1.75±0.18Ac
过熟林	7.67±2.45Aa	3.36±1.09Ab	1.73±0.27Ac
平均值	6.08±1.60a	2.91±0.54b	1.67±0.13c

注：A、B 表示各龄组之间的差异显著性（$P<0.05$）；a、b、c 表示各土层深度之间差异显著性（$P<0.05$）。

在近熟林中，土壤有机碳含量在土层 0~50cm 表现出随林分密度的增大呈"N"形的变化规律，即先增大后减小再增大的趋势，且在林分密度为 1800 株/hm² 时有机碳含量最大，为 3.39g/kg。通过单因素方差分析可知，在土层 0~50cm 中，林分密度为 1200 株/hm² 的刺槐林土壤有机碳含量分别与林分密度为 1800 株/hm²、2200 株/hm² 和 2500 株/hm² 的林分密度差异显著（$P<0.05$）；林分密度为 1800 株/hm² 的刺槐林有机碳含量分别与林分密度为 1200 株/hm²、1600 株/hm² 和 2200 株/hm² 的有机碳含量差异显著（$P<0.05$）；在土层 50~100cm 中，有机碳含量整体随林分密度的增大而增大，但各林分密度之间差异不显著（$P>0.05$）；在土层 100~200cm 中，有机碳含量随林分密度的增加呈现倒"V"形趋势，且在林分密度为 1800 株/hm² 时有机质含量最大为 1.83g/kg，但各林分密度之间差异不显著（$P>0.05$）（图 5-20）。

在成熟林中，土壤有机碳含量在 0~50cm 土层表现出随林分密度的增大呈现先增大后减小的趋势，并在林分密度为 1800 株/hm² 时土壤有机碳含量最大为 8.09g/kg，且该林分密度下的土壤有机碳含量与其他林分密度的土壤有机碳含量均表现出显著差异性，如图 5-20 所示。在 50~100cm 土层中，土壤有机碳含量的变化规律与 0~50cm 土层土壤有机碳含量随林分密度的变化规律相似，也在林分密度为 1800 株/hm² 时土壤有机碳含量最大为 4.19g/kg，且该林分密度下的土壤有机碳含量与除林分密度为 1800 株/hm² 的刺槐林土壤有机碳含量均表现出显著差异性；在 100~200cm 土层中，土壤有机碳含量表现出随林分密度的增大呈现先增大后减小的趋势，但通过单因素方差分析可知，各林分密度刺槐林的土壤有机碳含量差异不显著。

在过熟林中，土壤有机碳含量在 0~50cm 土层表现出随林分密度的增大呈现出先增大后减小的趋势，并在林分密度为 1800 株/hm² 时土壤有机碳含量最大为 11.51g/kg，且该林分密度下的土壤有机碳含量与其他林分密度的土壤有机碳含量均表现出显著差异性，如图 5-20 所示。在 50~100cm 土层中，土壤有机碳含量在林分密度为 1800 株/hm² 时最大为 5.25g/kg，且该林分密度下的土壤有机碳含量与其他林分密度的均表现出显著差异性，而其他林分密度之间均表现出差异不显著（$P>0.05$）。在 100~200cm 土层中，各林分密度下的土壤有机碳含量变化不大，且差异不显著。

综上所述，有机碳含量在各土层均随林龄的增加而增大，在 0~50cm 土层中近熟林与过熟林的有机碳含量差异显著，在 50~100cm 和 100~200cm 土层中各龄组之间差异不显著；有机碳含量在各龄组和各林分密度中均随土层深度的增加而减小，且差异显著；在近熟林中林分密度为 1800 株/hm² 时土壤有机碳含量最大，在成熟林和过熟林中林分密度为 1800 株/hm² 时土壤有机碳含量最大且与其他林分密度的土壤有机碳含量均表现出显著差异性。

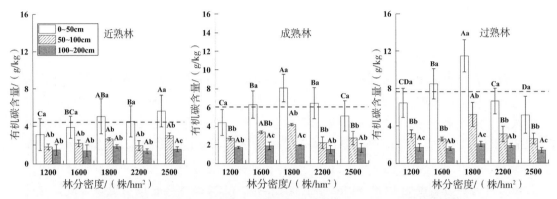

图 5-20 不同龄组刺槐林有机碳含量随林分密度和土层深度的变化特征

注：图中 A、B、C 是指不同林分密度同一土层条件下有机碳含量的差异显著性（$P<0.05$）；a、b、c 指同一林分密度下各土层之间差异显著性（$P<0.05$）；虚线是指同一龄组 0~50cm 土层中不同林分密度之间土壤有机碳含量的平均值。

（2）土壤全氮含量

由表 5-9 可知，在刺槐人工林 0~200cm 土层中，平均全氮含量随林龄的增加而增大，具体表现为过熟林（0.48±0.09）>成熟林（0.39±0.08）>近熟林（0.34±0.06），其中过熟林与近熟林中的全氮含量表现出显著差异性（$P<0.05$），而成熟林与过熟林、近熟林中的全氮含量均表现出差异不显著（$P>0.05$）。具体在刺槐人工林的各林分密度中，近熟林中的土壤全氮含量整体上随林分密度的增大呈"N"形的变化趋势，且在林分密度为 2500 株/hm² 时，土壤全氮含量最大为（0.41±0.07）g/kg；在成熟林中，土壤全氮含量随林分密度的增大呈现倒"V"形趋势即先增大后减小，其中在林分密度为 2200 株/hm² 时，土壤全氮含量最大为（0.47±0.08）g/kg；在过熟林中，全氮含量随林分密度的增大也呈"N"形趋势，其中在林分密度为 1600 株/hm² 时，土壤全氮含量最大为（0.63±0.17）g/kg。

表 5-9 各龄组各林分密度条件下刺槐林的土壤全氮含量

林分密度/	土壤全氮含量/（g/kg）		
（株/hm²）	近熟林	成熟林	过熟林
1200	0.26±0.04Bc	0.28±0.05Bc	0.41±0.15Ac
1600	0.33±0.03Bb	0.36±0.04Bb	0.63±0.17Aa
1800	0.40±0.11Ba	0.44±0.13Ba	0.51±0.15Ab

（续表）

林分密度/	土壤全氮含量/（g/kg）		
（株/hm²）	近熟林	成熟林	过熟林
2200	0.30±0.05Bbc	0.47±0.08Aa	0.40±0.17ABc
2500	0.41±0.07Aa	0.42±0.07Aab	0.43±0.017Ac
平均值	0.34±0.06B	0.39±0.08AB	0.48±0.09A

注：A、B 表示各龄组之间的差异显著性（$P<0.05$）；a、b、c 表示各林分密度之间差异显著性（$P<0.05$）。

由表 5-10 可知，刺槐林的土壤全氮含量随土层深度的增加逐渐减少，即平均土壤全氮含量表现为土层 0~50cm（0.51±0.13）>50~100cm（0.39±0.06）>100~200cm（0.31±0.02），且各土层之间差异显著（$P<0.05$）。在土层 0~50cm 中，土壤全氮含量随林龄的增加而增大，其中近熟林和过熟林之间均表现出显著差异性；在土层 50~100cm 中，土壤全氮含量也随林龄的增加而增大，且近熟林与成熟林之间表现出显著差异性；在土层 100~200cm 中，全氮含量随林龄的增加而增大，但各龄组在该土层的全氮含量表现出差异不显著。由此可知，土壤全氮含量随土层深度的增加而增加并趋于稳定，在土壤表层产生"表聚"现象。

综上所述，全氮含量在不同土层均随林龄的增加而增大。其中，在土层 0~50cm 和 50~100cm 中的全氮含量均在近熟林与过熟林之间表现出显著差异性（$P<0.05$）；在土层 100~200cm 中各龄组之间差异不显著；全氮含量在各龄组和各林分密度中均随土层深度的增加而减小；随着林龄的增加土壤全氮含量最大时的林分密度在减小，如在近熟林中林分密度为 2500 株/hm² 时土壤全氮含量最大，在成熟林中林分密度为 2200 株/hm² 时土壤全氮含量最大，在过熟林中林分密度为 1800 株/hm² 时土壤全氮含量最大（图 5-21）。

表 5-10　刺槐林各龄组不同土层深度的土壤全氮含量

龄组	土层深度		
	0~50cm	50~100cm	100~200cm
近熟林	0.40±0.09Ba	0.33±0.06Bb	0.29±0.05Ab
成熟林	0.47±0.11ABa	0.38±0.07ABb	0.33±0.06Ab
过熟林	0.65±0.09Aa	0.46±0.11Ab	0.33±0.09Ac
平均值	0.51±0.13a	0.39±0.06b	0.31±0.02c

注：A、B 表示各龄组之间的差异显著性（$P<0.05$）；a、b、c 表示各土层深度之间差异显著性（$P<0.05$）。

如图 5-21 所示，在近熟林中，土壤全氮含量在土层 0~50cm 表现出随林分密度的增大呈"N"形的变化规律即先增大后减小再增大的趋势，且在林分密度为 1800 株/hm² 时土壤全氮含量最大为 0.52g/kg。通过单因素方差分析可知，林分密度为 1800 株/hm² 和 2500 株/hm² 的刺槐林中的土壤全氮含量分别与其他林分密度的土壤全氮含量表现出显著差异性，除此之外，均表现出差异不显著；在土层 50~100cm 中，土壤全氮含量随林分密度的变化规律同土层 0~50cm 相同，均随林分密度的增大呈"N"形变化趋势，且仅有林分密度为 2500 株/hm² 的土壤全氮含量分别与林分密度为 1200 株/hm² 和 2200 株/hm² 表现出显著差异性；在土层 100~200cm 中，土壤全氮含量随林分密度的增大呈"N"形的变化规律，且仅有林分密度为 2500 株/hm² 的土壤全氮含量分别与林分密度为 1200 株/hm² 和 2200 株/hm² 表现出显著差异性。

在成熟林中，土壤全氮含量在土层 0~50cm 表现出随林分密度的增大呈现倒"V"形即先增大后减小的趋势，并在林分密度为 1800 株/hm² 时土壤全氮含量最大为 0.58g/kg，且该林分密度下的土壤全氮含量仅与林分密度为 1200 株/hm² 和 1600 株/hm² 的土壤全氮含量均表现出显著差异性，如图 5-21 所示。在土层 50~100cm 中，全氮含量也随林分密度的增大呈倒"V"形变化趋势，且在林分密度为 2200 株/hm² 时全氮含量最大为 0.44g/kg，该林分密度下的土壤全氮含量仅与林分密度为 1200 株/hm² 的刺槐林土壤全氮含量表现出显著差异性；在土层 100~200cm 中，土壤全氮含量随林分密度的增大呈现倒"M"形，且在林分密度为 2200 株/hm² 时土壤全氮含量最大为 0.40g/kg，该林分密度下的土壤全氮含量仅与林分密度为 1200 株/hm² 的刺槐林土壤全氮含量表现出显著差异性。

在过熟林中，土壤全氮含量在土层 0~50cm 表现出随林分密度的增大呈现增大后减小的趋势，并在林分密度为 1800 株/hm² 时土壤全氮含量最大为 0.85g/kg，且与林分密度为 1800 株/hm² 和 2200 株/hm² 的刺槐林土壤全氮含量与其他林分密度的土壤全氮含量均表现出显著差异性，如图 5-21 所示。在土层 50~100cm 中，林分密度为 1800 株/hm² 时全氮含量最大为 0.65g/kg，且该林分密度下的全氮含量与其他林分密度的土壤全氮含量均表现出显著差异性。在土层 100~200cm 中，土壤全氮含量在林分密度为 1800 株/hm² 时最大为 0.437g/kg，且该林分密度下的土壤全氮含量与其他林分密度的土壤全氮含量均表现出显著差异性。

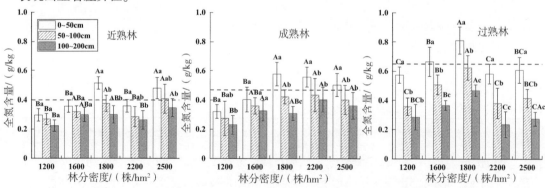

图 5-21　不同龄组刺槐林全氮含量随林分密度和土层深度的变化特征

注：A、B、C 表示同一土层条件下各林分密度之间的差异显著性（$P<0.05$）；a、b、c 表示相同林分密度条件下各土层深度之间的差异显著性（$P<0.05$）；虚线表示同一龄组的 0~50cm 土层中不同林分密度之间土壤全氮含量的平均值。

（3）土壤全磷含量

由表 5-11 可知，各龄组刺槐人工林在土层 0~200cm 中，平均全磷含量随林龄的增大而增大，具体表现为过熟林（0.57±0.05）>成熟林（0.53±0.02）>近熟林（0.52±0.04），但通过单因素方差分析可知，各龄组的土壤全磷含量表现出差异不显著。具体在近熟林、成熟林和过熟林中，土壤全磷含量均随林龄的增大而增加的趋势，其中在近熟林中，林分密度为 2500 株/hm² 的刺槐林土壤全磷含量分别与林分密度为 1600 株/hm²、1800 株/hm² 和 2200 株/hm² 的刺槐林土壤全磷含量差异显著；在成熟林中，各林分密度的刺槐林土壤全磷含量差异不显著；在过熟林中，林分密度为 1800 株/hm² 的刺槐林土壤全磷含量分别与林分密度为 1200 株/hm²、1600 株/hm² 和 2500 株/hm² 的刺槐林土壤全磷含量差异显著。

表 5-11　刺槐林不同龄组不同林分密度的土壤全磷含量

林分密度/	土壤全磷含量/（g/kg）		
（株/hm²）	近熟林	成熟林	过熟林
1200	0.49±0.07Abc	0.53±0.04Aa	0.54±0.03Ab
1600	0.54±0.04Aab	0.57±0.04Ba	0.58±0.06Aab
1800	0.56±0.03Ba	0.53±0.06Aa	0.64±0.08Aa
2200	0.55±0.04Aab	0.52±0.05Aa	0.54±0.07Ab
2500	0.47±0.01Ac	0.51±0.01Aa	0.53±0.06Ab
平均值	0.52±0.04A	0.53±0.02A	0.57±0.05A

注：A、B 表示各龄组之间的差异显著性（$P<0.05$）；a、b、c 表示各林分密度之间的差异显著性（$P<0.05$）。

由表 5-12 可知，刺槐林的土壤全磷含量随土层深度的增加逐渐减少，即平均土壤全磷含量表现为土层 0~50cm（0.58±0.04）>50~100cm（0.54±0.01）>100~200cm（0.50±0.02），其中土层 0~50cm 与土层 100~200cm 的全磷含量表现出显著差异性。在土层 0~50cm、50~100cm 和 100~200cm 中，土壤全磷含量均随林龄的增加而增大，但仅有土层 0~50cm 中过熟林分别与近熟林和成熟林的全磷含量差异显著，其他土层各龄组之间均差异不显著。

表 5-12　刺槐林各龄组不同土层深度的土壤全磷含量

龄组	土层深度		
	0~50cm	50~100cm	100~200cm
近熟林	0.55±0.05Ba	0.53±0.03Aab	0.48±0.05Ab
成熟林	0.57±0.04ABa	0.53±0.03Aab	0.50±0.02Ab
过熟林	0.63±0.06Aa	0.56±0.05Ab	0.51±0.03Ab
平均值	0.58±0.04a	0.54±0.01ab	0.50±0.02b

注：A、B 表示各龄组之间的差异显著性（$P<0.05$）；a、b 表示各土层深度之间的差异显著性（$P<0.05$）。

由图 5-22 可知，在刺槐林各龄组同一林分密度条件下，土壤全磷含量均随土层深度的增加而减小。其中在近熟林中，只有林分密度为 1200 株/hm² 的土层 0~50cm 与土层 100~200cm 的全磷含量差异显著，其他林分密度及各土层之间全磷含量均差异不显著；在成熟林中，只有林分密度为 2200 株/hm² 的土层 0~50cm 与土层 100~200cm 的全磷含量差异显著，其他林分密度及各土层之间全磷含量均差异不显著；在过熟林中，林分密度为 1600 株/hm²、1800 株/hm²、2200 株/hm² 和 2500 株/hm² 的刺槐林的土层 0~50cm 与土层 100~200cm 的全磷含量表现出显著差性（$P<0.05$）。

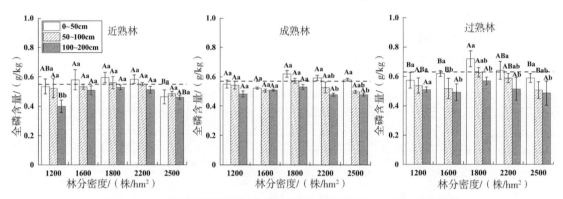

图 5-22　不同龄组刺槐林全磷含量随林分密度和土层深度的变化特征

注：A、B 表示同一土层条件下各林分密度之间的差异显著性（$P<0.05$）；a、b 表示相同林分密度条件下各土层深度之间的差异显著性（$P<0.05$）；图中虚线表示同一龄组的 0~50cm 土层中不同林分密度之间的土壤全磷含量的平均值。

在刺槐林各龄组同一土层条件下，土壤全磷含量随林分密度的增加均呈先增加后减小的趋势。在各土层中，不同龄组刺槐林均在林分密度为 1800 株/hm² 时土壤全磷含量最大。在近熟林的土层 0~50cm 中，只有林分密度为 2500 株/hm² 时全磷含量与其他林分密度全磷含量差异显著，在土层 50~100cm 中，各林分密度的全磷含量均差异不显著，在土层 100~200cm 中，林分密度为 1200 株/hm² 时土壤全磷含量分别与林分密度为 1600 株/hm²、1800 株/hm² 和 2200 株/hm² 的全磷含量差异显著；在成熟林中，各土层林分密度之间的全磷含量均差异不显著；在过熟林的土层 0~50cm 中，林分密度为 1800 株/hm² 的全磷含量分别与林分密度为 1200 株/hm²、1600 株/hm² 和 2500 株/hm² 的全磷含量差异显著，在土层 50~100cm 中，只有林分密度为 1800 株/hm² 的全磷含量与林分密度为 2500 株/hm² 的全磷含量差异显著，在土层 100~200cm 中，各土层林分密度之间的全磷含量均差异不显著。

综上所述，土壤全磷含量随着林龄的增加而增大，但各龄组之间差异不显著；全氮含量随土层深度的增加而减小，其中土层 0~50cm 与 100~200cm 的全磷含量表现出显著差异性；在各龄组中，全磷含量均随林分密度的增加表现出先增加后减小的趋势，其中在林分密度为 1800 株/hm² 时土壤全磷含量最大。

5.3.2 刺槐林土壤化学计量比

（1）土壤 C/N

土壤 C/N/P 是土壤碳、氮、磷矿化和固持作用的重要指标，C/N 用于衡量土壤碳氮营养元素的平衡状况，可表征土壤有机质的矿化速率（Mu et al., 2014；雷丽群等，2017；张继辉等，2020）。

由表 5-13 可知，各龄组刺槐林 C/N 平均值随林龄的增大呈倒"V"形变化趋势，即成熟林 C/N>过熟林 C/N>近熟林 C/N，变化范围为 7.84~9.03，通过单因素方差分析可知，各龄组之间的 C/N 差异不显著（$P>0.05$）。对各龄组不同密度刺槐林 C/N 分析可知，在近熟林各林分密度条件下的 C/N 变化范围为 7.50~8.19，且各林分密度条件下的 C/N 之间差异不显著（$P>0.05$）；在成熟林中各林分密度条件下的 C/N 变化范围为 6.81~12.52，其中林分密度为 2200 株/hm² 和 2500 株/hm² 刺槐林的 C/N 均与林分密度为 1200 株/hm² 和 1600 株/hm² 刺槐林的 C/N 表现出显著差异性；在过熟林各林分密度条件下的 C/N 变化范围为 6.65~9.24，其中林分密度为 2500 株/hm² 刺槐林的 C/N 分别与林分密度为 1200 株/hm²、1600 株/hm² 和 2200 株/hm² 刺槐林的 C/N 表现出显著差异性。

表 5-13　刺槐林各龄组不同林分密度的土壤 C/N

林分密度/ （株/hm²）	近熟林	成熟林	过熟林
1200	8.01±0.86Ba	10.33±0.46Aa	8.72±0.62ABa
1600	7.50±0.56Ba	12.52±0.63Aa	9.01±0.48ABa
1800	7.67±0.39Ba	8.34±0.61Ab	7.40±0.68Bab
2200	8.19±0.77Aa	6.81±0.76Bc	9.24±0.31Aa
2500	7.83±0.36Aa	7.15±0.48Abc	6.65±0.56Ab
平均值	7.84±0.27A	9.03±2.39A	8.21±1.12A

注：A、B 表示各龄组之间的差异显著性（$P<0.05$）；a、b、c 表示各林分密度之间的差异显著性（$P<0.05$）。

由表 5-14 可知，3 个龄组的刺槐林 C/N 均随土层深度的增加而减小，其中近熟林变化范围为 5.39~11.16，成熟林变化范围为 5.56~13.00，过熟林变化范围为 5.56~11.66，对 3 个龄组刺槐林各土层深度的 C/N 进行单因素方差分析可知，各龄组 C/N 在各土层之间差异显著（$P<0.05$），且均表现出土层 0~50cm 的 C/N>50~100cm 的 C/N>100~200cm 的 C/N（表 5-14、图 5-23）。

表 5-14　刺槐林各龄组不同土层深度的土壤 C/N

龄组	土层深度		
	0~50cm	50~100cm	100~200cm
近熟林	11.16±1.06Aa	6.97±0.23Ab	5.39±0.96Ac
成熟林	13.00±2.17Aa	8.20±2.15Ab	5.56±1.45Ac
过熟林	11.66±2.10Aa	7.41±1.60Ab	5.56±1.52Ac
平均值	11.94±0.95a	7.52±0.62b	5.50±0.10c

注：A、B 表示各龄组之间的差异显著性（$P<0.05$）；a、b、c 表示各土层深度之间的差异显著性（$P<0.05$）。

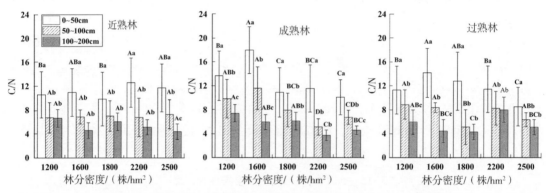

图 5-23　不同龄组刺槐林 C/N 随林分密度和土层深度的变化特征

（2）土壤 C/P

土壤 C/P 对土壤磷的有效性起重要指示作用（王绍强等，2008；张继辉等，2020）。由表 5-15 可知，各龄组刺槐林 C/P 平均值随林龄的增大而增大，即过熟林 C/P（7.24±1.39）>成熟林 C/P（6.66±1.09）>近熟林 C/P（5.28±1.19），通过单因素方差分析可知，近熟林与过熟林之间的 C/P 呈显著差异性（$P<0.05$）。对各龄组不同密度刺槐林 C/P 分析可知，在近熟林各林分密度条件下的 C/P 变化范围为 4.36~7.24，其中林分密度为 2500 株/hm² 刺槐林的 C/P 分别与林分密度为 1200 株/hm²、1600 株/hm² 和 2200 株/hm² 的 C/P 呈显著差异性（$P<0.05$）；在成熟林中各林分密度条件下的 C/P 变化范围为 5.52~9.21，其中林分密度为 1600 株/hm² 刺槐林的 C/P 分别与其他林分密度刺槐林的 C/P 表现出显著差异性（$P<0.05$）；在过熟林各林分密度条件下的 C/P 变化范围为 5.63~10.99，其中林分密度为 1600 株/hm² 刺槐林的 C/P 分别与其他林分密度的 C/P 呈显著差异性。

表 5-15　刺槐林各龄组不同林分密度的土壤 C/P

林分密度/	土壤 C/P		
（株/hm²）	近熟林	成熟林	过熟林
1200	4.36±0.68Bb	5.52±0.39ABb	6.86±0.70Ab
1600	4.55±0.54Bb	9.21±0.73Aa	10.99±0.69Aa
1800	5.58±0.55Aab	6.55±0.81Ab	6.25±0.65Ab
2200	4.65±0.47Bb	6.11±0.72ABb	6.48±0.60Ab
2500	7.24±0.76Aa	5.92±0.46ABb	5.63±0.51Bb
平均值	5.28±1.19B	6.66±1.09AB	7.24±1.39A

注：A、B 表示各龄组之间的差异显著性（$P<0.05$）；a、b 表示各林分密度之间的差异显著性（$P<0.05$）。

由表 5-16 可知，3 个龄组的刺槐林 C/P 均随土层深度的增加而减小，其中近熟林变化范围为 3.18~8.24，成熟林变化范围为 3.52~10.57，过熟林变化范围为 3.35~12.05，对 3 个龄组刺槐林各土层深度的 C/P 进行单因素方差分析可知，3 个龄组 C/P 在各土层之间差异显著（$P<0.05$），且均表现出土层 0~50cm C/P > 51~100cm C/P > 101~200cm C/P（表 5-16、图 5-24）。

表 5-16　刺槐林各龄组不同土层深度的土壤 C/P

龄组	土层深度		
	0~50cm	51~100cm	101~200cm
近熟林	8.24±2.43Ba	4.41±1.12Ab	3.18±0.47Ab
成熟林	10.57±2.14ABa	5.74±1.25Ab	3.52±0.23Ac
过熟林	12.05±2.84Aa	5.98±1.38Ab	3.35±0.34Ac
平均值	10.29±1.92a	5.38±0.85b	3.35±0.17c

注：A、B 表示各龄组之间的差异显著性（$P<0.05$）；a、b、c 表示各土层深度之间的差异显著性（$P<0.05$）。

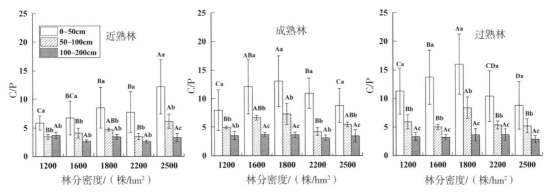

图 5-24　不同龄组刺槐林 C/P 随林分密度和土层深度的变化特征

（3）土壤 N/P

土壤 N/P 是用来表征限制性养分的重要诊断指标（曹娟等，2015；张继辉等，

2020；任璐璐等，2017）。

由表 5-17 可知，各龄组刺槐林 N/P 平均值均随林龄的增大而增大，即过熟林 N/P>成熟林 N/P>近熟林 N/P，变化范围为 0.66~0.83，通过单因素方差分析可知，各龄组之间的 N/P 差异不显著（$P>0.05$）。对各龄组不同密度刺槐林 N/P 分析可知，在近熟林各林分密度条件下的 N/P 变化范围为 0.54~0.88，其中林分密度为 2500 株/hm² 刺槐林的 N/P 分别与林分密度为 1200 株/hm²、1600 株/hm² 和 2200 株/hm² 刺槐林的 N/P 呈显著差异性（$P<0.05$）；在成熟林中各林分密度条件下的 N/P 变化范围为 0.52~0.87，其中林分密度为 1200 株/hm² 刺槐林的 N/P 分别与林分密度为 2200 株/hm² 和 2500 株/hm² 刺槐林的 N/P 表现出显著差异性（$P<0.05$）；在过熟林各林分密度条件下的 N/P 变化范围为 0.67~1.16，其中林分密度为 1600 株/hm² 刺槐林的 N/P 与林分密度为 2200 株/hm² 刺槐林的 N/P 呈显著差异性（$P<0.05$）。

表 5-17　刺槐林各龄组不同林分密度的土壤 N/P

林分密度/	土壤 N/P		
（株/hm²）	近熟林	成熟林	过熟林
1200	0.54±0.02Ab	0.52±0.05Ab	0.74±0.70Aab
1600	0.60±0.03Bb	0.71±0.06Bab	1.16±0.69Aab
1800	0.70±0.05Bab	0.75±0.08ABab	0.79±0.65Aa
2200	0.55±0.07Bb	0.87±0.72Aa	0.67±0.60ABb
2500	0.88±0.06Aa	0.81±0.46Aa	0.81±0.51Aab
平均值	0.66±0.14A	0.73±0.13A	0.83±0.19A

注：A、B 表示各龄组之间的差异显著性（$P<0.05$）；a、b 表示各林分密度之间的差异显著性（$P<0.05$）。

由表 5-18 可知，3 个龄组的刺槐林 N/P 均随土层深度的增加而减小，其中近熟林变化范围为 0.60~0.74，成熟林变化范围为 0.66~0.82，过熟林变化范围为 0.63~1.03，对 3 个龄组刺槐林各土层深度的 N/P 进行单因素方差分析可知，在近熟林和成熟林的 N/P 在各土层之间均表现出差异不显著（$P>0.05$），在过熟林各土层之间 N/P 表现出显著差异性（$P<0.05$）（表 5-18、图 5-25）。

表 5-18　刺槐林各龄组不同土层深度的土壤 N/P

龄组	土层深度		
	0~50cm	50~100cm	100~200cm
近熟林	0.74±0.21Ba	0.63±0.14Aa	0.60±0.09Aa
成熟林	0.82±0.15ABa	0.72±0.13Aa	0.66±0.14Aa
过熟林	1.03±0.08Aa	0.82±0.17Ab	0.63±0.15Ac
平均值	0.86±0.15a	0.72±0.10b	0.63±0.03c

注：A、B 表示各龄组之间的差异显著性（$P<0.05$）；a、b、c 表示各土层深度之间差异显著性（$P<0.05$）。

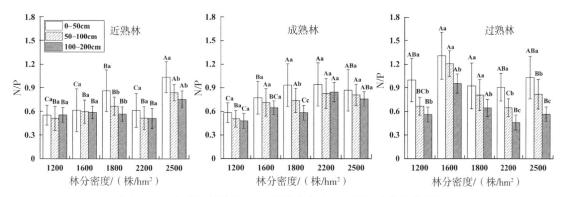

图 5-25　各龄组刺槐林 N/P 随林分密度和土层深度的变化特征

5.3.3　土壤 C、N、P 含量与生态化学计量比的相关性分析

由于土壤有机碳、全氮、全磷和化学计量比均随林龄和土层深度等因素的变化而发生显著变化，故对不同龄组各林分密度刺槐林的土壤 C、N、P 含量与生态化学计量比进行相关性分析，即分别对 0~50cm、50~100cm、100~200cm 和 0~200cm 土层土壤 C、N、P 含量与生态化学计量比进行相关性分析，结果如图 5-26 所示。

在 0~200cm 土层中，有机碳、全氮和全磷两两之间存在显著正相关（$P<0.01$），其中有机碳与全氮的相关性更高，其相关系数达到 0.85，说明有机碳与全氮之间有较高的耦合关系（图 5-26）。由于氮的转化、迁移均依赖碳的流动，而且它们的来源途径相似，因此使得两者有较高相关性。在土壤养分与生态化学计量之间，有机碳、全氮分别与 C/P、N/P 呈极显著正相关关系（$P<0.01$），其中有机碳与 C/P 的相关性更高，相关性系数为 0.95，说明 C/P 的变化主要受有机碳的影响；全氮与 N/P 的相关性更高，相关性系数为 0.93，说明 N/P 的变化主要受全氮的影响；有机碳与 C/N 呈正相关（$r=0.37$）、全氮与 C/N 呈负相关关系（$r=-0.16$），通过相关系数可知，有机碳与 C/N 的相关性更高但相关性不显著（$P>0.05$）。

在土层 0~50cm 中，C、N 和 P 两两之间呈极显著正相关（$P<0.01$），且 C 与 N 的相关性更高（$r=0.88$）。在土壤养分与生态化学计量之间，有机碳、全氮分别与 C/P、N/P 呈极显著正相关关系，其中有机碳与 C/P 的相关性更高（$r=0.94$），全氮与 N/P 的相关性更高（$r=0.92$），有机碳与 C/N 呈正相关关系（$r=0.50$）但不显著（$P>0.05$）。C/P 与 C/N 呈显著正相关关系（$P<0.05$），与 N/P 呈极显著正相关关系（$P<0.001$）。由于土壤总磷含量的变化范围较小，因此 C/P 的变化主要受有机碳含量的影响，N/P 的变化主要受有全氮含量的变化，C/N 的变化受有机碳含量的影响大于全氮含量的影响。

在土层 50~100cm 中，有机碳与全氮呈极显著正相关关系（$P<0.01$），与全磷呈显著正相关关系（$P<0.05$）。在土壤养分与生态化学计量之间，有机碳与 C/P 呈极显著正相

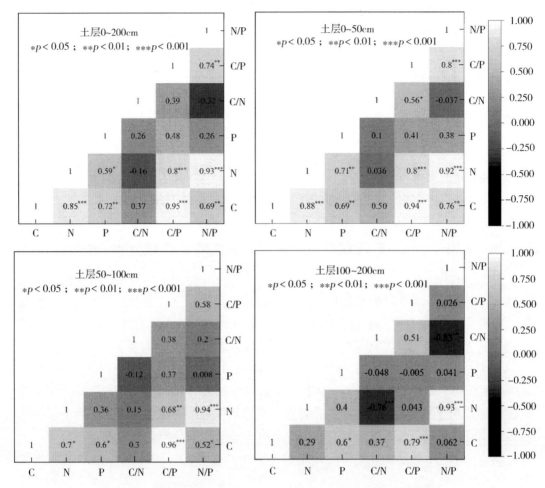

图 5-26　刺槐林不同土层 C、N、P 含量与生态化学计量比的相关性

关关系（$P<0.001$），相关性为 0.96；全氮与 N/P 呈极显著正相关（$P<0.001$），相关性为 0.94；C/P 与 N/P 相关关系显著（$P<0.05$）。说明 C/P 的变化主要受有机碳含量的影响，N/P 的变化主要受全氮含量的变化，C/N 的变化受有机碳含量的影响较大。

在土层 100~200cm 中，仅 C 与 P 的相关关系显著（$P<0.05$）。在土壤养分与生态化学计量之间，有机碳与 C/P 呈极显著正相关关系（$P<0.001$），相关性为 0.79；全氮与 N/P 和 C/P 的相关关系均呈极显著（$P<0.001$）；C/P 与 N/P 呈显著正相关关系（$P<0.05$）。说明 C/P 的变化主要受有机碳含量的影响，N/P 和 C/N 的变化都主要受全氮含量变化的影响。

综上所述，随着土层深度的增加有机碳与全氮、全磷的相关性逐渐减小直至在土层 100~200cm 中，有机碳仅与全磷呈显著正相关关系；在土层 0~100cm 中，C/N 与有机碳呈正相关关系，在土层 100~200cm 中与全氮呈极显著负相关关系且相关性更高，由此可知在土层 0~100cm 中土壤 C/N 受有机碳影响较大，在土层 101~200cm 中主要受全氮含量的影响；而有机碳含量对 C/P 的影响最大；全氮含量对 N/P 的影响最大。

5.4 刺槐林坡面产流产沙特征

5.4.1 刺槐林产流产沙量数据来源

对于该研究区刺槐林坡面产流产沙的相关研究，其特征数据主要是通过文献和吉县站数据集等相关资料进行汇总整理而来，其刺槐林林分密度范围在 1200~2300 株/hm²，观测时间为 1993—2012 年，共观测到 29 场降雨，其中对不同密度刺槐林的径流小区测得径流的场降雨累计 75 场，测得泥沙数据的场降雨累计 52 场。其坡面径流泥沙观测方法均通过垂直投影面积为 5m×20m 的径流小区，在径流小区下方布设径流收集桶，并安装自计水位计观测径流量，并在降雨后用 1000mL 取样瓶取水样，过滤烘干测泥沙含量（张晓明，2004；王晓燕等，2014）。刺槐林径流小区观测场的基本情况统计见表 5-19。

表 5-19　刺槐林径流小区观测场基本情况统计

径流小区编号	坡度/(°)	坡向/(°)	坡位	林龄/a	林分密度/（株/hm²）	平均树高	平均胸径	观测时间	数据来源
1	26	阳坡	上	17	2300	7.8	7.9	1993 年6~10 月	吉县站数据集
2	25	阳坡	上	11	2204	5.7	5.4		
3	30	半阴半阳	中	11	1400	8.4	8.6	1998—2003 年	张晓明，2004
4	28	半阴半阳	中	11	2000	7.6	8.0		
5	23	半阴半阳	上	11	1200	7.2	8.5		
6	29	阳坡	上	20	1200	8.9	11.4	2002—2012 年6~8 月	王晓燕等，2014
7	23	半阴半阳	下	20	2200	6.8	8.2		
8	30	半阴半阳	中	20	1400	7.3	8.9		

5.4.2 研究区侵蚀性降雨标准

该研究区 1991—2020 年年降水量的变化特征如图 5-27 所示，研究区的年际降水量分配不均，其最低降水量为 277.60mm（1997 年），最高降水量为 740.90mm（2020 年），多年平均降水量为 509.20mm，标准差为 110.25mm，变异系数为 0.22。而该研究区降水集中在 6~9 月，侵蚀性降雨也多集中在 6~9 月。故对研究区 1991—2020 年 6~9 月降水量分析可知，6~9 月降水量约占全年降水量的 67.80%，由此可知，6~9 月的降水量决定了全年降水量的多少。其中，1997 年的 6~9 月降水量（178.0mm）最低，在 2020 年 6~9 月的降水量（511.6mm）最高，6~9 月平均降水量为 345.25mm，标准差 90.50，变异系数为 0.26。图 5-27 和图 5-28 中降水量的线性倾向估计以及相应的方程均为回归分析所得，其结果表明：该研究区在 1991—2020 年年际降水量和 6~9 月降水量变化规律一致，均随年际变化整体呈上升趋势，年际降水量增加幅度为 3.76mm/a，6~9 月降水量增加幅度为 3.13mm/a。

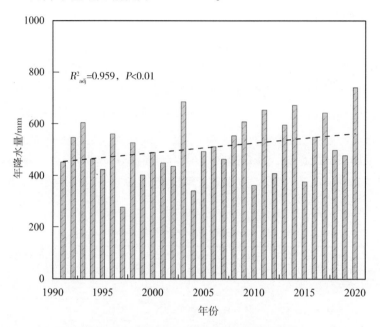

图 5-27　1991—2020 年吉县年降水量状况

　　降雨是产生地表径流引起土壤侵蚀的直接驱动力，但并非所有的降雨都能形成径流并引起土壤侵蚀，只有当降雨强度或降雨量超过某一临界点才会形成径流，进而引起坡面土壤侵蚀，即当降雨强度大于土壤入渗强度，降雨量大于林冠层和枯枝落叶层截留量的和时才会产生径流进而引起土壤侵蚀。而侵蚀性降雨就是指能够产生地表径流并造成土壤流失的降雨。

　　对 1993—2012 年 29 场降雨进行量级划分（表 5-20），可知，产生坡面径流的降雨量在 21~30mm 的次数最多，其降雨强度均值为 14.5mm/h；其次是大于 30mm 的降雨量有 10 次，其降雨强度均值为 10.2mm/h；而产生坡面径流的降雨量小于 10mm 的有且仅有 1 次，其降雨量为 7.4mm，其能产生径流泥沙的主要原因是该次降雨为发生较大降雨强度（12.7mm/h）的次降雨。由此可知，当降雨量小、降雨历时短、降雨强度大且为次降雨时，或降雨量≥10mm，降雨强度≥10mm/h 时，均能使坡面产生径流。

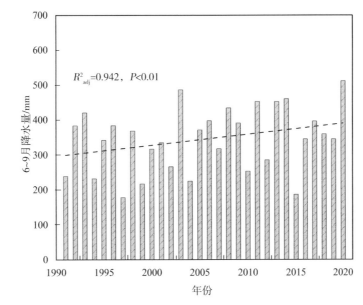

图 5-28　1991—2020 年 6~9 月吉县降水量状况

表 5-20　1993—2012 年产生径流的降雨统计

量级/ mm	次数/ 次	最小值	最大值	平均值	标准差	降雨强度均值/ （mm/h）
<10	1	7.4	7.4	7.4	—	12.7
10~20	4	11	18.4	14.8	3.2	12.2
21~30	14	21	28	24.1	2.9	14.5
>30	10	32	62	43.6	10.6	10.2

5.4.3　刺槐林坡面产流产沙特征分析

坡面产流产沙主要受降水与下垫面因素的综合影响，其中降水因素包括降雨量、降雨强度和降雨历时等；下垫面因素主要包括地形、植被和土壤等。这些因素的综合作用影响了径流泥沙的形成。

将该研究区内的 8 个坡面径流小区在 1993—2012 年的 29 场降雨的产流产沙数据分别与降雨因素和植被因素进行分析，如图 5-29 和图 5-30 所示。其 3D 散点图中 Z 轴分别表示坡面径流量和泥沙含量，X 轴均表示降雨量，Y 轴均表示降雨强度，色阶图表示乔木层生物量。因此，由图 5-29 可知，坡面径流量随降雨强度和降雨量的增大而增大，随着乔木层生物量的减小（颜色逐渐变浅）坡面径流量逐渐增大；在图 5-30 中，坡面泥沙含量随降雨强度和降雨量的增大呈增大趋势，而泥沙含量与乔木层生物量之间的变化规律不明显。

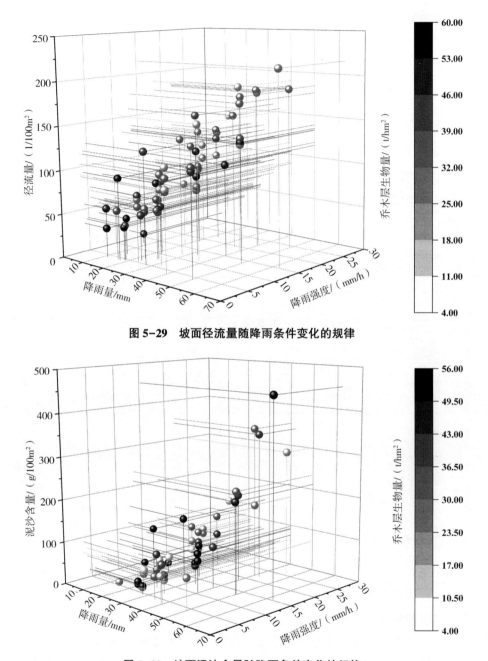

图 5-29　坡面径流量随降雨条件变化的规律

图 5-30　坡面泥沙含量随降雨条件变化的规律

　　坡面产流产沙的变化受多种因素的影响，而这些影响限制了其对某单一驱动因子（如降雨量、降雨强度、坡度和林分密度等）的响应。为了排除其他因素的干扰，选择至少比每个 X 轴段平均值高一个标准差的数据或是在一些数据强度较低的段内选择数据的最高值，以得出上边界线，该边界线可以表示坡面产流产沙对某个驱动因子的响应及函数类型的确定。

如图 5-31 所示，通过分析坡面产流产沙对坡度这一影响因素响应的边界线可知，随着坡度的增加刺槐林坡面径流泥沙含量也随之增加。其中，产流产沙量与坡度的关系式如下：

$$y_1 = 10.062 \, X_1 - 119.088 \qquad R^2 = 0.497 \qquad (5-5)$$

$$y_2 = 26.797 \, X_1 - 485.112 \qquad R^2 = 0.577 \qquad (5-6)$$

式中：y_1 为径流量；y_2 为泥沙含量；X_1 为坡度。

如图 5-32 所示，通过分析坡面产流产沙对林分密度这一影响因素响应的边界线可知，随着林分密度的增加刺槐林坡面径流泥沙含量随之减少，其产流产沙量与林分密度的关系式如下：

$$y_1 = - \, 0.071 \, X_2 + 276.578 \qquad R^2 = 0.775 \qquad (5-7)$$

$$y_2 = - \, 0.141 \, X_2 + 483.223 \qquad R^2 = 0.477 \qquad (5-8)$$

式中：y_1 为径流量；y_2 为泥沙含量；X_2 为林分密度。

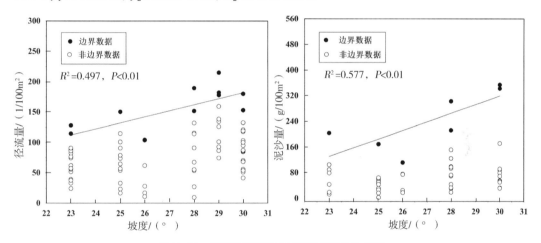

图 5-31　坡面产流产沙量随坡度变化的规律

5.4.4　刺槐林坡面产流产沙的影响因素分析

为探究刺槐林坡面产流产沙与各影响因素之间的关系，在统计软件 SPSS 中利用双变量相关分析方法，对该研究区 8 个坡面径流小区的 29 场降雨的产流产沙数据与各影响因素进行相关性分析。结果表明，径流量与降雨强度和降雨量均表现出极显著的正相关关系，与坡度之间表现出显著正相关关系，即坡面径流量随着降雨强度、降雨量和坡度的增大而增大；而与乔木层生物量和林分密度之间表现出极显著的负相关关系，即随乔木层生物量和林分密度的增加而减小。坡面产沙量与降雨强度之间表现出极显著正相关关系，与降雨量之间表现出显著正相关关系，即坡面产沙量随降雨强度和降雨量的增加而增加（表 5-21）。

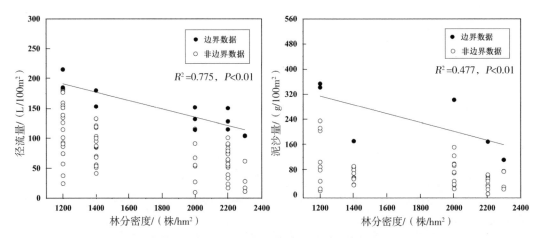

图 5-32　坡面产流产沙量随林分密度变化的规律

表 5-21　坡面产流产沙量与各影响因素之间的相关性分析

	乔木层生物量	降雨量	降雨强度	林分密度	坡度	径流量	产沙量
乔木层生物量	1	—	—	—	—	—	—
降雨量	0.044	1	—	—	—	—	—
降雨强度	−0.432**	−0.239	1	—	—	—	—
林分密度	0.064	−0.085	0.075	1	—	—	—
坡度	−0.081	0.051	−0.024	−0.461	1	—	—
径流量	−0.413**	0.401**	0.461**	−0.451**	0.271*	1	—
产沙量	−0.123	0.372*	0.434**	−0.182	−0.103	0.613**	1

注：** 是指 P 在 0.01 水平上，表示出极显著相关关系；* 是指 P 在 0.05 水平上，表示出显著相关关系。

通过双变量相关性分析法得出坡面产流产沙量与各影响因素之间的相关性（表 5-21），为了进一步研究影响该研究区刺槐林坡面产流产沙的主要影响因素，将以上各影响因素与产流产沙量在 SPSS 中进行多元逐步回归分析，回归方程如下所示：

$$y_1 = 2.301 X_1 + 1.441 X_2 - 0.909 X_3 - 0.034 X_4 + 109.899 \quad R^2 = 0.676 \quad (5\text{-}9)$$

$$y_2 = 5.079 X_1 + 4.339 X_2 - 102.076 \qquad\qquad\qquad R^2 = 0.561 \quad (5\text{-}10)$$

式中：y_1 为径流量（l/100m²）；y_2 为泥沙含量（g/100m²）；X_1 为降雨强度（mm/h）；X_2 为降雨量（mm）；X_3 为乔木层生物量（t/hm²）；X_4 为林分密度（株/hm²）。

由以上回归方程可知，在刺槐林坡面产流产沙过程中，降雨强度、降雨量、乔木层生物量和林分密度是影响坡面产流的主要影响因素，其中降雨强度和降雨量是影响坡面产沙量的主要影响因素，由回归方程系数可知，降雨强度是决定坡面产流产沙的最主要因素，其次是降雨量。

5.5　刺槐林水土保持功能分析

5.5.1　刺槐林林下植被特征

健康的森林是呈现多层结构的，包括林下植被，它是森林生态系统的重要组成部分，也是森林健康与稳定的重要指标（Suchar and Crookston，2010；Zhang et al.，2015）。它与许多生态系统服务功能有关，比如土壤侵蚀控制、水文调节、林木自然更新和生物多样性保护等（Naeem and Li，1997；Bauhus et al.，2001；Dauber et al.，2003；Deng，2017）。在该研究区林下植被的服务功能主要体现在控制土壤侵蚀和调节水文等方面。由于灌草层相比于乔木层高度低、贴近地面，对截留降雨和消减降雨动能具有重要作用。据前人（刘向东等，1994；汪有科等，1994）的研究表明，林下植被的最大截留量占大气降水量的 1.8%～16%。而因截留降雨消减的动能约为 5.6%，而作为林下植被层为透过该层落入地表土壤的部分，可削弱 44.4% 的降雨动能。由此可知，林下植被的生长对各功能的提升具有重要作用（韦红波，2002）。

通过对刺槐近熟林、成熟林和过熟林林下植被的研究发现，林下草本以菊科为主，其次是禾本科和蔷薇科；林下灌木以蔷薇科为主，最后是鼠李科、忍冬科等。其中草本的种类和生物量均随林龄的增加呈现减小的趋势，灌木种类和生物量随林龄增加呈现增大的趋势。由此可知，随着林龄的增大，林下植被优势种逐渐从草本向灌木过渡，即随着林龄的增大，刺槐林逐渐向乔灌草混合的健康稳定的复层林分结构方向发展。物种多样性是物种分布均匀度和丰富度的综合体现，通过对刺槐近熟林、成熟林和过熟林林下灌草的多样性分析可知，草本层物种多样性随林龄的增加而减小；灌木层物种多样性随林龄的增加先减小后增大。这可能是因为随着林分生长逐渐成熟、郁闭度逐渐增大，由于光、养分、空间和土壤水等资源的竞争，林龄、郁闭度等林分结构的增加反而抑制了林下植被的生长（MacLean and Wein，1977；González-Hernández et al.，1998；Ares et al.，2010）。同时，在水分缺乏、土壤贫瘠的黄土高原由于林下植被的生长也会对乔木层的生长产生一定的竞争作用。因此为了使林分稳定健康地生长，林分功能不断提升，对乔木层与林下植被生物量进行合理的权衡是必要的，故将林下植被生物量选作林下植被的代表性指标与乔木层生物量进行关系耦合。

5.5.2　刺槐林涵养水源功能

森林涵养水源功能是各个作用层综合作用的结果。其中，植被组成、枝叶质地、覆盖状况、生物量大小等差异是植被层持水能力不同的主要原因。枯枝落叶层持水能力的主要影响因素包括枯落物的厚度、蓄积及自身含水量等；而土层厚度及孔隙状况是影响土壤层持水大小的主要决定因素（王鹏程，2007）。

本研究结果表明，刺槐植被层、枯枝落叶层和土壤层最大持水量均随林龄的增加而增大，且在近熟林、成熟林和过熟林中持水量最大时的林分密度分别为 1800 株/hm²、1600 株/hm² 和 1200 株/hm²。这是由于随着林龄的增加，林木不断生长，郁闭度逐渐增大，森林群落结构逐渐趋于复杂；林分凋落物不断得到积累，使得枯落物厚度与蓄积不断增加；植被根系新陈代谢使得有机质不断分解，改善土壤结构，所以使得刺槐植被层、枯枝落叶层和土壤层最大持水量均随林龄的增加而增大。此外，由于土壤、水、养分、空间和光等资源的竞争，在相同林龄条件下，并不是林分密度越大其功能越好。结构决定功能，功能也能反映结构的好与坏，由此可知，刺槐近熟林、成熟林和过熟林分别在林分密度分别为 1800 株/hm²、1600 株/hm² 和 1200 株/hm² 时才能更好地发挥其功能。

目前，坡面尺度水源涵养量的计算方法主要有林冠截留剩余量法（邓坤枚等，2002）、综合蓄水法（郭梦娇等，2016）、土壤蓄水法（杨帆等，2015）、水量平衡法（陈丽等，2017）和降水储量法（张三焕等，2001）等，这些方法均对森林水文效应进行了计算评估，但每种方法都存在一定的适用性和局限性。而综合蓄水法是综合考虑了植被层、枯枝落叶层和土壤层 3 个作用层对降水的拦蓄作用，较为全面，是目前较为常用的方法之一（刘璐璐，2013；马维玲等，2017；张佳楠等，2019）。因此，本书对刺槐林水源涵养量的计算采用了综合蓄水法。

5.5.3　刺槐林土壤保育功能

本书的研究结果表明，土壤有机碳、全氮和全磷含量均随着林龄的增加而增加，随着土层深度的增加而减小，其中土壤全磷含量随林龄和土层深度的变化差异不显著。而任璐璐（2017）和张富荣（2021）等对黄土高原刺槐林的研究结果与本研究结果一致。在植被恢复过程中，林下植被、凋落物以及植被根系生物量的增加，增加了养分的输入，即在适宜的条件下通过微生物对凋落物等进行分解释放大量的营养元素，故随林龄增加有机碳、全氮含量不断增加。土壤有机碳、全氮含量随土层深度的增加而减小，这一现象与其主要的来源和输入方式有关，即在土壤表层通过微生物对凋落物进行分解先富集在表层，再通过雨水的冲刷淋溶作用将其向下迁移（陈欣凡，2017；张继辉，2020），因此其含量在土层中出现"表聚"现象且表现出随土层深度的增加而减小的变化规律。全磷含量随林龄和土层深度的增加而增加，但其差异不显著，主要是因为磷素作为一种沉积性的矿物，在土壤中的迁移率较低，使得全磷在土壤中分布较均匀（任璐璐，2017）。

土壤 C/N 能反映土壤有机质的有效性（张芸等，2019；Paul et al.，2002）。本研究结果表明，刺槐林地土壤 C/N 随土层深度的增加而减小，在 0~50cm 土层中土壤 C/N 平均值为 11.94，其值在我国土壤 C/N 比值（10~12）范围内（张芸等，2019；张继辉，2020；张富荣等，2021）。土壤 C/P 能反映土壤磷素有效性，其值越高表明有效性较低（张富荣，2021）。本研究刺槐林土壤 C/P 值随着恢复年限的增加而增加，这可能跟土壤有机碳随林龄的增加而增加有关，同时说明刺槐林土壤全磷随林龄的增加有效性越来越低。刺槐林土壤 C/P 的最大值出现在过熟林 0~50cm 的土层中，其值为 12.05，远低于我国土壤 C/P 的平均值 60（张继辉，2020）。土壤 N/P 通常作为限制性养分判断的有效预测指标（曾全超等，2016），主要用于确定养分限制的阈值（张良侠等，2014；张富荣，2021）。该研究区刺槐林地土壤 N/P 随着植被恢复年限的增加而增大，其最大值也出现在过熟林 0~50cm 的土层中，其值为 1.02，仍远低于我国土壤 N/P 比值的平均水平 5.10（张继辉，2020）。且通过相关性分析得出，土壤 N/P 主要受全氮含量的影响，又因为土壤全磷含量变化不大，由此可知，土壤 N/P 值偏小说明氮素偏少。由此可知，氮素是影响该区植被生长的限制因子。虽然刺槐作为豆科植物具有固氮的作用，可以促进研究区土壤氮素的增加，但显然并没有使土壤中的氮素含量达到正常水平。

由于该研究区刺槐林土壤全磷的含量低且相对稳定，即随林龄、林分密度和土层深度变化不明显；氮素在该区含量较低，且为该区主要的营养限制元素。而土壤有机质作为土壤养分的重要来源，其含量的高低可以反映土壤肥力状况（田宁宁等，2015）。因此，将土壤有机质选作土壤保育功能的代表性指标。

5.5.4 刺槐林坡面产流产沙量

本书对该研究区 29 场降雨条件下的坡面径流小区的产流产沙情况进行了研究，结果表明坡面径流量随降雨强度和降雨量的增大而增大，随乔木层生物量的增加而减小。当坡面的降雨强度大于土壤入渗强度时，坡面开始产流，而随降雨强度和降雨量的增加，径流量随之增加（李瑞娥，2009；肖婧等，2020）。由于植被具有一定的拦蓄降雨的作用，随着植被生物量增加，其拦蓄作用增强，径流量减小（张建军等，1998；张晓明，2004）。坡面泥沙含量随降雨强度和降雨量的增大呈增大趋势，而随乔木层生物量的增大而减小变化规律不显著。通过对坡面产流产沙量与各影响因素之间进行相关性分析可知，坡面泥沙含量与降雨强度、降雨量和径流量呈正相关关系。在一定范围内，由于植被拦截、根系固土的作用，坡面产生径流但不一定挟带泥沙；但当有充分前期降雨条件，且土壤含水量已很高，在遇到较大的降雨强度时，坡面产流产沙含量就会很大，尤其是泥沙含量（张建军等，1998）。由此可知，坡面泥沙含量是多个因素共同作用的结果，尤其是降雨强度、降雨量、降雨历时和前期含水量等。通过坡面泥沙含量与各影响因素的相关性分析知，坡面泥沙含量与乔木层生物量呈负相关关系，但关系不显著。因此将坡面产流量作为蓄水减沙功能的代表性指标，与降雨强度、降雨量和乔木层生物量进行回归分析，得到相关回归关系。

5.6　本章小结

该区刺槐林灌木层主要以蔷薇科、鼠李科和木犀科等为主，其灌木优势种主要为黄刺玫、悬钩子、杠柳、臭椿、荆条、绣线菊等；草本层主要以菊科、禾本科和蔷薇科为主，其优势种主要为藕草、铁杆蒿、薹草、沿阶草、白莲蒿、茜草等。在近熟林中草本多样性和丰富度最大，在过熟林中其最小；在过熟林中灌木的多样性和均匀度最大，在成熟林最小，即随着林龄的增加，占主要优势的林下植被由草本逐渐向灌木过渡。为了保持刺槐林较高的乔木层生物量与林下植被生物量，通过乔木层和林下植被层生物量与林分郁闭度的关系，将郁闭度为 0.7 作为最佳的权衡原则。并通过刺槐林郁闭度可变密度模型，可得林龄为 10a、15a、20a 和 25a 时相应的适宜林分密度分别为 2300 株/hm^2、1800 株/hm^2、1400 株/hm^2 和 1100 株/hm^2。其中，对应的乔木层生物量分别为 29.67t/hm^2、63.49t/hm^2、80.88t/hm^2 和 74.96t/hm^2，对应的林下植被生物量分别为 5.51t/hm^2、3.28t/hm^2、2.61t/hm^2 和 2.81t/hm^2。

刺槐林水源功能主要由林冠层截留、枯枝落叶层持水和土壤层涵养量三部分组成。而这 3 个组成部分的最大持水量均随林龄的增加而增大，在近熟林、成熟林和过熟林中持水量最大时的林分密度分别为 1800 株/hm^2、1600 株/hm^2 和 1200 株/hm^2。土壤有机碳、全氮和全磷含量均随林龄的增加而增加，随土层深度的增加而减小，但全磷含量的变化差异不显著。通过 N/P 比值得出氮素是该研究区土壤主要的限制性营养元素。由此，将土壤有机质含量作为土壤保育功能的代表性指标。其中，土壤有机质含量在近熟林、成熟林和过熟林中最大时的林分密度分别为 1800 株/hm^2、1600 株/hm^2 和 1600 株/hm^2。通过对 29 场历史降雨数据的分析可知，当降雨量≥10mm，或最大降雨强度≥10mm/h 时，均能使坡面产生径流。对刺槐林坡面产流产沙的各影响因素进行相关性分析和多元逐步回归分析可知，降雨强度、降雨量和乔木层生物量是影响坡面产流的主要影响因素，乔木层生物量与坡面径流量呈负相关关系；而与坡面产沙量的关系不显著，因此将径流量作为蓄水减沙功能的代表性指标，进行功能导向型林分密度控制图编制。

综上所述，通过对刺槐林各功能特征进行分析，分别将林下植被生物量、涵养水源量、土壤有机质含量和坡面径流量作为林下植被涵养水源功能、土壤保育功能和蓄水减沙功能的代表性指标。

第 **6** 章　刺槐林功能导向型林分密度控制图编制及应用

林分密度控制图是以密度效应规律为基础，将林分测树因子与林分密度之间的关系进行数学模型的拟合，并以图形的方式直观地表达出林分生长指标与林分密度之间的关系（Sharma et al.，2007；王成德，2019），能够为林分进行造林设计、生长预测和经营管理提供参考性数据指标，是集设计、预测和评价等功能为一体的决策工具（Peener et al.，2006；田猛等，2015；王成德，2019）。生物量是评价森林生态系统服务功能的重要参数（章永侠，2020），而蓄积量是代表林分生产力的重要指标。因此，本章在林分密度控制图原有造林设计、预估生长、间伐等功能的基础上，通过林分乔木层生物量与水土保持各功能的耦合关系，将功能指标引入林分生物量密度控制模型，构建功能导向型林分密度控制图，扩展林分密度控制图的应用（王成德，2019）。

在第 5 章对刺槐林各功能特征进行了分析研究，并筛选出水土保持各功能的关键指标即水源涵养量、土壤有机质含量、坡面产流量以及林下植被生物量。通过最大边界线法及回归分析法将各功能关键指标分别与刺槐林乔木层生物量进行关系耦合，将各功能指标引入林分密度控制模型，构建各功能导向型刺槐林型分密度控制图。各功能导向型林分密度控制图，可为该区刺槐林的生长和功能进行预估，也可为林分的间伐和定向调控等提供参考性数据指标。

6.1　刺槐林分密度控制图

6.1.1　刺槐林分密度控制图的编制

通过对刺槐生长特征的分析可知，该研究区刺槐的胸径、树高、材积和单株生物量均随林龄的增加而增大，随林分密度的增加而减小。由此可知，刺槐各指标的生长均遵循林分密度的效应规律。因此，通过密度效应二项式、密度效应乘幂式和密度效应的倒数二项式构建林分密度控制图的 5 条基本曲线（尹泰龙，1984；1978）。具体公式如下。

等树高线：

$$V(W) = a_{11} \times H^{b_{11}} \times N - a_{12} \times H^{b_{12}} \times N^2 \tag{6-1}$$

等直径线：

$$V(W) = a \times D^b \times N^c \qquad (6-2)$$

等疏密度线：

$$V(W) = K_p \times N^{1-K_3} \qquad (6-3)$$

最大密度线：

$$V(W) = K_{p=1.0} \times N^{1-K_3} \qquad (6-4)$$

自然稀疏线：

$$V(W) = K_5 \times (N_0 - N) \times N_0^{-K_3} \qquad (6-5)$$

式中：V 为单位面积蓄积量（m^3/hm^2）；W 为单位面积生物量（t/hm^2）；N 为林分密度（株/hm^2）；K_p、K_3、K_5、N_0、a、b、a_{11}、a_{12}、b_{11}、b_{12} 均为参数。

将相关数据整理导入 SPSS 软件中，基于林分密度控制图的相关模型，利用非线性回归分析方法拟合出等直径线和等树高线的模型参数，进而以等树高线的模型参数根据相关公式推导出其他模型的参数值，其具体的模型参数如表 6-1 所示。

表 6-1 林分密度模型参数

林分密度模型	参数	蓄积量密度控制图	生物量密度控制图
等树高线	a_{11}	0.002	0.002
	b_{11}	1.523	1.510
	a_{12}	2.683×10^{-8}	3.71×10^{-8}
	b_{12}	2.600	2.514
等直径线	a_1	7.200×10^{-5}	6.483×10^{-5}
	b_1	2.411	2.452
	c	1.082	1.095
自然稀疏线	K_3	1.414	1.504
	K_4	2913.723	4603.234
	K_5	6851.820	12011.888
等疏密度线	$K_{P(0.1)}$	85.182	103.051
	$K_{P(0.2)}$	229.677	296.469
	$K_{P(0.3)}$	412.763	554.109
	$K_{P(0.4)}$	628.869	869.011
	$K_{P(0.5)}$	876.144	1239.547
	$K_{P(0.6)}$	1155.017	1667.775
	$K_{P(0.7)}$	1468.402	2160.184
	$K_{P(0.8)}$	1823.592	2731.531
	$K_{P(0.9)}$	2240.399	3420.610
	$K_{P(1.0)}$	2913.723	4603.234

利用上述结果建立刺槐林蓄积量密度控制图和生物量密度控制图（图6-1、图6-2）。其中，林分蓄积量密度控制图是在双对数坐标系中构建的，并以林分蓄积

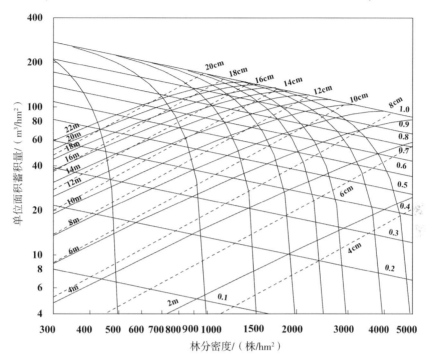

图6-1　刺槐林蓄积量密度控制图

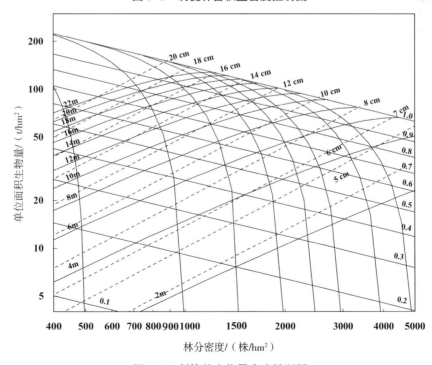

图6-2　刺槐林生物量密度控制图

量为纵坐标，林分密度为横坐标。生物量密度控制图是以林分生物量为纵坐标，林分密度为横坐标。其中均包括林分密度控制图的 5 类基本曲线即等树高线、等直径线、等疏密度线、最大密度线和自然稀疏线。其中，按 2m 树高差斜向右上方排列的系列实线为等树高线；按照间隔为 2cm 径阶斜向右上方排列的系列虚线为等直径线；按照间隔为 0.1 的疏密度斜向右下方的系列虚线为等疏密度线，最大密度线则为疏密度为 1.0 时的等疏密度线；而在横坐标 500 株/hm²、1000 株/hm²、1500 株/hm²、2000 株/hm²、3000 株/hm²、4000 株/hm²和 5000 株/hm²位置处的系列向下的实线上条为自然稀疏线。

6.1.2 刺槐林分密度控制图的应用

（1）刺槐林分蓄积量密度控制图的应用

①森林资源调查

基于刺槐林的林分密度、林分平均直径、林分优势木的平均高以及疏密度中任意 2 个林分因子的值，均可在刺槐蓄积量密度控制图中推算出林分蓄积量和林分其他因子的值。

比如，当刺槐人工林的林分密度为 2000 株/hm²、优势木的平均树高为 12m 时，测算该林分的蓄积量、林分平均直径以及林分疏密度。首先，基于刺槐林蓄积量密度控制图（图 6-1），找到 12m 的等树高线与 2000 株/hm²的自然稀疏线的交点，而该交点的纵坐标为该林分的蓄积量（88m³/hm²）。其次，通过距离该交点最近的等疏密度线可知，该交点刚好位于疏密度为 0.8 的等疏密度线偏下的位置，由此得出此时的疏密度为 0.79。最后，再以相同的查定方法找出距离该交点最近的等直径线，可知此时林分的平均直径为 13cm。综上可知，通过已知林分密度为 2000 株/hm²和平均优势木高度为 12m，在刺槐林蓄积量密度控制图中查找到平均直径为 13cm、疏密度为 0.79 和林分蓄积量为 88m³/hm²。

②林分的抚育间伐

不同初始造林密度的林分随着林龄的增加，其林木不断生长，且林木间的竞争逐渐加剧。为了获得更优质的木材或更稳定的林分结构以及更高效益的生态服务功能，需要对林分进行适当的抚育间伐。由于造林密度的不同，其间伐措施也略有不同。以初始造林密度为 3000 株/hm²的刺槐林为例，通过林分密度控制图对林分采取无间伐、一次间伐（15a）和两次间伐（10a、20a）的措施来观察林分蓄积量的生长。通过不同间伐措施的对比，为该区刺槐林的经营管理提供适宜的间伐措施。

以一次间伐措施为例，首先需要通过刺槐优势木平均树高的生长曲线（图 6-3）查定林龄为 10a、15a、20a 和 25a 时林分优势木的平均高，即分别为 9.6m、11.7m、12.2m 和 12.3m。若将林龄 15a 时定为一次间伐时间，则基于刺槐林蓄积量密度控制图（图 6-1），可以先通过查找 12m 的等树高线与 3000 株/hm²的自然稀疏线的交点，进而找出 11.7m 的等树高线与 3000 株/hm²的自然稀疏线交点的位置，通过该交点纵坐标以及横坐标的数值得出此时刺槐林林分蓄积量为 98m³/hm²，林分密度为 1800 株/hm²；通过距离该交点最近的等疏密度线以及等直径线可以得出林分疏密度为 0.89 和林分平均直径为 12.2cm。根据林分间伐"三原则"将林分进行抚育间伐至林分疏密度为 0.7，由于该间伐措施对优势木树高无影响，因此通过查找 12m 的等树高线与 0.7 的等疏密度线的交点，进而找出 11.7m 的等树高线与 0.7 的等疏密度线的交点的位置，可得该疏密度条件下林分的蓄积量（77m³/hm²）、平均直径（13.1cm）和林分密度（1200 株/hm²）的大小。当刺槐林生长到林龄为 25a 时，通过查找横坐标为 1200 株/hm² 的林分密度与 12m 的等树高线的交点，找出与 12.3m 的等树高线交点的位置，得到此时的林分蓄积量为 80t/hm²、林分疏密度为 0.73、林分平均直径为 13.6cm。得到的一次间伐结果如表 6-2 所示。根据两次间伐的经营措施以此类推结果如表 6-2 所示。

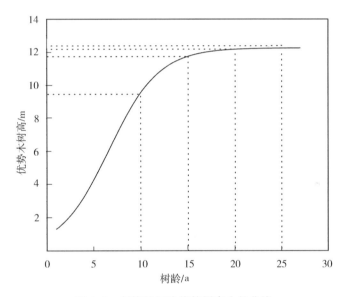

图 6-3　刺槐林平均优势树高生长曲线

由表 6-2 可知，在相同的林分初始密度和优势高条件下，若不进行间伐，该刺槐林在生长到林龄为 25a 时，其疏密度为 0.91，平均直径为 12.7cm，林分最终的蓄积量为 102m³/hm²；若采取一次间伐，该刺槐林在生长到林龄为 25a 时，其疏密度为 0.73，平均直径为 13.6cm，林分最终蓄积量均为 80m³/hm²，且在间伐期收获了 21m³/hm² 木材；若采取两次间伐，该刺槐林在生长到林龄为 25 年时，其疏密度为 0.70，平均直径为 13.9cm，林分最终蓄积量均为 80m³/hm²，间伐期收获了 29m³/hm² 木材。由此可知，两次间伐使林木的平均直径更大，获得的木材蓄积量更多，且通过适当的间伐可以减小林分疏密度，有利于林木以及林下植被的生长。

表6-2 不同间伐措施数据表

间伐次数	林龄/a	优势木高/m	疏密度		平均直径/cm		林分密度/（株/hm²）		蓄积量/（m³/hm²）		间伐/（m³/hm²）	
			伐前	伐后	伐前	伐后	伐前	伐后	伐前	伐后	株树	产量
0	25	12.3	0.91	—	12.7	—	1750	—	102	—	—	—
1	15	11.7	0.89	0.70	12.2	13.1	1800	1200	98	77	600	21
	25	12.3	0.73	—	13.6		1200		80	—	—	—
2	10	9.6	0.84	0.70	11.0	11.6	1950	1500	84	70	450	14
	20	12.2	0.83	0.70	13.0	13.8	1500	1130	95	80	370	15
	25	12.3	0.70	—		13.9	1130	—	80	—	—	—

③不同初始密度的刺槐蓄积量预估

基于刺槐林蓄积量密度控制图，可以对不同初始林分密度、不同林龄的刺槐林蓄积量进行预估。例如，以栽植株行距分别为 2m×2.5m、2m×2m、1.5m×2m 和 1.5m×1.5m，即林分初始造林密度分别为 2000 株/hm²、2500 株/hm²、3333 株/hm² 和 4444 株/hm² 刺槐林为例，在不进行抚育间伐条件下，可求出各初始造林密度的刺槐林在林龄为 10a、15a、20a 和 25a 时的林分蓄积量。

首先通过刺槐林的平均优势树高生长曲线（图6-3）查得林分在林龄为 10a、15a、20a 和 25a 时相应的林分优势木平均树高分别为 9.6m、11.7m、12.2m 和 12.3m。然后根据林分优势木平均树高，在刺槐林蓄积量密度控制图（图6-1）中分别找出 9.6m、11.7m、12.2m 和 12.3m 的等树高线与林分初始密度为 2000 株/hm² 的自然稀疏线的交点，而该交点的纵坐标为林分蓄积量，分别为 70m³/hm²、87m³/hm²、90m³/hm² 和 92m³/hm²，该交点的横坐标为林分密度，分别为 1500 株/hm²、1400 株/hm²、1375 株/hm² 和 1300 株/hm²。以相同的查定方式，在刺槐林蓄积量密度控制图中，查得林分初始密度为 2500 株/hm² 的刺槐林在林龄为 10a、15a、20a 和 25a 时的林分蓄积量分别为 79m³/hm²、93m³/hm²、100m³/hm² 和 102m³/hm²，此时的林分密度分别为 1750 株/hm²、1625 株/hm²、1580 株/hm² 和 1570 株/hm²；查得林分初始密度为 3333 株/hm² 的刺槐林在林龄为 10a、15a、20a 和 25a 时的林分蓄积量分别为 89m³/hm²、102m³/hm²、106m³/hm² 和 107m³/hm²，此时的林分密度分别为 2100m³/hm²、1900m³/hm²、1850m³/hm² 和 1840 株/hm²；查得林分初始密度为 4444 株/hm² 的刺槐林在林龄为 10a、15a、20a 和 25a 时的林分蓄积量分别为 95m³/hm²、106m³/hm²、112m³/hm² 和 113m³/hm²，此时的林分密度分别为 2450 株/hm²、2100 株/hm²、1990 株/hm² 和 1980 株/hm²。

（2）刺槐林生物量密度控制图的应用

①森林资源调查

基于刺槐林的林分密度、林分平均直径、林分优势木的平均树高以及疏密度中任意 2 个林分因子的值，均可在刺槐生物量密度控制图中推算出林分乔木层生物量以及林分其他因子的值。

例如，已知刺槐人工林的林分密度为 2000 株/hm²、优势木的平均树高为 12m 时。基于生物量密度控制图可查定刺槐林乔木层生物量、林分平均直径和林分疏密度。首先，基于刺槐林生物量密度控制图（图 6-2），找到 12m 的等树高线与 2000 株/hm² 的自然稀疏线的交点，而该交点的纵坐标为刺槐林乔木层生物量（80t/hm²）；其次，通过距离该交点最近的等疏密度线可知，该交点正好位于 0.8 与 0.9 的等疏密度线中间，得出此时的疏密度为 0.85；最后，再以相同的查定方法可以得出林分的平均直径为 12.6cm。

②林分的抚育间伐

生物量是评价森林生态系统服务功能的重要参数，现以生物量指标为例对林分初始密度为 2500 株/hm² 的刺槐林采取无间伐、1 次间伐（15a）和 2 次间伐（10a、20a）的措施来观察林分生物量的生长。

首先，对 1 次间伐的经营模式进行分析，通过刺槐林优势木的平均树高生长曲线（图 6-3），查得林分林龄为 10a、15a、20a 和 25a 时相应的林分优势木平均树高分别为 9.6m、11.7m、12.2m 和 12.3m。若将林龄为 15a 定为 1 次间伐的时间，则通过查找林分密度为 2500 株/hm² 的自然稀疏线与 11.7m 的等树高线的交点，可以分别得出林分生物量（84t/hm²）、林分密度（1600 株/hm²）、林分疏密度（0.9）和林分平均直径（12cm）的大小。将林分进行抚育间伐至林分疏密度为 0.7，由于该间伐措施对优势木树高无影响，因此通过查找 12m 的等树高线与 0.7 的等疏密度线的交点，进而找出 11.7m 的等树高线与 0.7 的等疏密度线的交点的位置，可得该疏密度条件林分生物量为 65t/hm²、林分平均直径为 13cm、林分密度为 1050 株/hm²。基于刺槐林生物量密度控制图（图 6-2）对间伐后的林分在林龄为 25a 时进行各生长指标的测定，即通过查找 12.3m 的等树高线与横坐标为 1050 株/hm² 的林分密度线，得出此时的刺槐林乔木层生物量为 72t/hm²、林分平均直径为 13.6cm 以及疏密度为 0.73。3 种间伐措施的结果如表 6-3 所示。初始密度为 2500 株/hm² 的刺槐林在不进行抚育间伐的情况下，该林分在林龄为 25a 时通过自疏现象得到林分密度为 1550 株/hm²、平均直径为 12.4cm、疏密度达到 0.91，处于较饱和状态。若采取 1 次或 2 次间伐措施，则林分在林龄为 25a 时，均表现出林分平均直径较无间伐措施的林分大、疏密度小，即通过间伐减小了林内的竞争，更有利于林木以及林下植被的生长。

表 6-3　不同间伐措施数据表

间伐次数/次	林龄/a	优势木高/m	疏密度		平均直径/cm		林分密度/（株/hm²）		生物量/（t/hm²）		间伐/（t/hm²）	
			伐前	伐后	伐前	伐后	伐前	伐后	伐前	伐后	株树	产量
0	25	12.3	0.91	—	12.4	—	1550	—	90	—	—	—
1	15	11.7	0.90	0.70	12.0	13.0	1600	1050	84	65	550	19
	25	12.3	0.73	—	13.6	—	1050	—	72	—	—	—

（续表）

间伐次数/次	林龄/a	优势木高/m	疏密度		平均直径/cm		林分密度/（株/hm²）		生物量/（t/hm²）		间伐/（t/hm²）	
			伐前	伐后	伐前	伐后	伐前	伐后	伐前	伐后	株树	产量
	10	9.6	0.85	0.70	10.9	11.6	1720	1260	72	58	460	14
2	20	12.2	0.82	0.70	13.2	13.6	1260	980	80	68	280	12
	25	12.3	0.71	—	13.7	—	980	—	68	—	—	—

③不同初始密度的乔木层生物量预估

基于刺槐林生物量密度控制图，可以对不同初始林分密度、不同林龄的刺槐林乔木层生物量进行预估。例如，以栽植株行距分别为 2m×2.5m、2m×2m、1.5m×2m 和 1.5m×1.5m 即林分初始造林密度分别为 2000 株/hm²、2500 株/hm²、3333 株/hm² 和 4444 株/hm² 的刺槐林为例，在不进行抚育间伐条件下，可求出林龄为 10a、15a、20a 和 25a 时刺槐林乔木层生物量。

首先从刺槐林平均优势木树高生长曲线图（图 6-3）中，可查得刺槐林在林龄分别为 10a、15a、20a 和 25a 时的林分优势木平均树高分别为 9.6m、11.7m、12.2m 和 12.3m。然后根据林分优势木平均树高，在刺槐生物量密度控制图（图 6-2）上，分别找出 9.6m、11.7m、12.2m 和 12.3m 的等树高线与 2000 株/hm² 的自然稀疏线的交点，而该交点的纵坐标为乔木层生物量分别为 65t/hm²、78t/hm²、82t/hm² 和 83t/hm²，该交点的横坐标即为林分密度分别为 1490 株/hm²、1390 株/hm²、1365 株/hm² 和 1355 株/hm²。以相同的查定方法，在刺槐林生物量密度控制图（图 6-2）中，查得林分初始密度为 2500 株/hm² 的刺槐林在林龄为 10a、15a、20a 和 25a 时的乔木层生物量分别为 71t/hm²、83t/hm²、89t/hm² 和 90t/hm²，相应的林分密度分别为 1725 株/hm²、1635 株/hm²、1550 株/hm² 和 1540 株/hm²；查得林分初始密度为 3333 株/hm² 的刺槐林在林龄为 10a、15a、20a 和 25a 时的乔木层生物量分别为 77 株/hm²、88 株/hm²、93 株/hm² 和 94 株/hm²，相应的林分密度分别为 2050 株/hm²、1850 株/hm²、1780 株/hm² 和 1770 株/hm²；查得林分初始密度为 4444 株/hm² 的刺槐林在林龄为 10a、15a、20a 和 25a 时的乔木层生物量分别为 81 株/hm²、91 株/hm²、96 株/hm² 和 97 株/hm²，相应的林分密度分别为 2350 株/hm²、2100 株/hm²、1990 株/hm² 和 1980 株/hm²。

6.2 基于林下植被生物量的林分密度控制图

6.2.1 林下植被与乔木层生物量之间的耦合关系

乔木层生物量是影响林下植被生物量的重要因素。将两者进行回归分析得到如图 6-4 所示的回归关系。其中，林下植被生物量随着乔木层生物量的增加而降低。其

回归关系式可表示为

$$Y_1 = 8.80569 - 0.1361 \times W + 9.0268 \times 10^{-4} \times W^2 - 2.0844 \times 10^{-6}\,W^3$$

$$R_{adj}^2 = 0.847 \tag{6-6}$$

式中：Y_1 为林下植被生物量（t/hm^2）；W 为乔木层生物量（t/hm^2）。

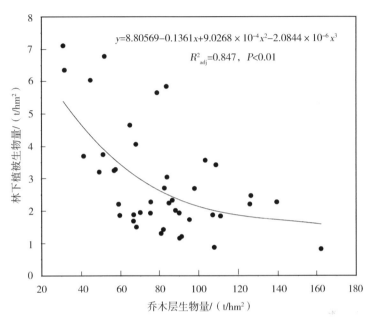

图 6-4　林下植被与乔木层生物量之间的耦合关系

6.2.2　基于林下植被生物量的密度控制图的编制

通过对刺槐林下植被生物量与乔木层生物量之间的关系进行分析与拟合，并结合刺槐林生物量密度控制图的编制模型，可得到刺槐林林下植被生物量密度控制图的编制模型，如下所示。

等树高线：

$$Y_1 = 8.80569 - 0.1361 \times (a_{11} \times H^{b_{11}} \times N - a_{12} \times H^{b_{12}} \times N^2) + 9.0268 \times 10^{-4} \times$$
$$(a_{11} \times H^{b_{11}} \times N - a_{12} \times H^{b_{12}} \times N^2)^2 - 2.0844E - 6 \times$$
$$(a_{11} \times H^{b_{11}} \times N - a_{12} \times H^{b_{12}} \times N^2)^3 \tag{6-7}$$

等疏密度线：

$$Y_1 = 8.80569 - 0.1361 \times (K_p \times N^{1-K_3}) + 9.0268 \times 10^{-4} \times (K_p \times N^{1-K_3})^2$$
$$- 2.0844E - 6 \times (K_p \times N^{1-K_3})^3 \tag{6-8}$$

最大密度线：

$$Y_1 = 8.80569 - 0.1361 \times (K_{p=1.0} \times N^{1-K_3}) + 9.0268 \times 10^{-4} \times (K_{p=1.0} \times N^{1-K_3})^2$$
$$- 2.0844 \times 10^{-6} \times (K_{p=1.0} \times N^{1-K_3})^3 \tag{6-9}$$

自然稀疏线:

$$Y_1 = 8.80569 - 0.1361 \times [K_5 \times (N_0 - N) \times N_0^{-K_3}] + 9.0268 \times 10^{-4} \times$$
$$[K_5 \times (N_0 - N) \times N_0^{-K_3}]^2 - 2.0844 \times 10^{-6} \times$$
$$[K_5 \times (N_0 - N) \times N_0^{-K_3}]^3 \qquad (6-10)$$

等直径线:

$$Y_1 = 8.80569 - 0.1361 \times (a \times D^b \times N^c) + 9.0268 \times 10^{-4} \times (a \times D^b \times N^c)^2 -$$
$$2.0844 \times 10^{-6} \times (a \times D^b \times N^c)^3 \qquad (6-11)$$

利用上述建立的模型,在 Origin 中利用双对数坐标系绘制林下植被生物量密度控制图,如图 6-5 所示。

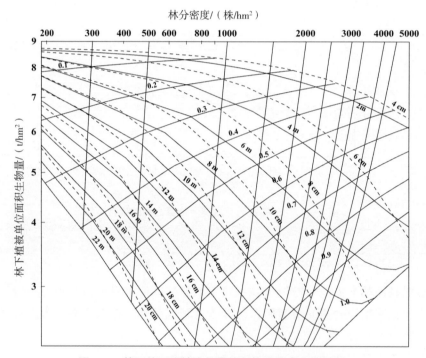

图 6-5 基于林下植被生物量的刺槐林分密度控制图

6.2.3 基于林下植被生物量的密度控制图的应用

（1）林下植被生物量的预估

基于林下植被生物量的密度控制图,可以对不同初始造林密度和不同林龄的刺槐林林下植被生物量进行预估。例如,以栽植株行距分别为 2m×2.5m、2m×2m、1.5m× 2m 和 1.5m×1.5m,即林分初始造林密度分别为 2000 株/hm²、2500 株/hm²、3333 株/hm² 和 4444 株/hm² 的刺槐林为例,在不进行抚育间伐条件下,可求出林龄分别为 10a、15a、20a 和 25a 时刺槐林的林下植被生物量。

首先通过刺槐平均优势树高生长曲线（图6-3）可查得林分分别在林龄为10a、15a、20a和25a时相应的林分优势木平均树高分别为9.6m、11.7m、12.2m和12.3m。然后根据林分优势木平均树高，基于林下植被生物量密度控制图（图6-5），分别找出9.6m、11.7m、12.2m和12.3m的等树高线与林分密度为2000株/hm² 的自然稀疏线的交点，而该交点的纵坐标为刺槐林林下植被生物量分别为 3.13t/hm²、2.66t/hm²、2.56t/hm²和2.55t/hm²，该交点的横坐标为林分密度分别为1490t/hm²、1390t/hm²、1365t/hm²和1355株/hm²。以相同的查定方法，在林下植被生物量密度控制图中，查得林分初始密度为2500株/hm²的刺槐林在林龄为10a、15a、20a和25a时的林下植被生物量分别为2.9t/hm²、2.62t/hm²、2.4t/hm²和2.38t/hm²，相应的林分密度分别为1725株/hm²、1635株/hm²、1550株/hm²和1540株/hm²；查得林分初始密度为3333株/hm²的刺槐林在林龄为10a、15a、20a和25a时的林下植被生物量分别为2.72t/hm²、2.37t/hm²、2.28t/hm²和2.27t/hm²，相应的林分密度分别为2050株/hm²、1850株/hm²、1780株/hm²和1770株/hm²；查得林分初始密度为4444株/hm²的刺槐林在林龄为10a、15a、20a和25a时的林下植被生物量分别为2.6t/hm²、2.28t/hm²、2.21t/hm²和2.2t/hm²，相应的林分密度分别为2350株/hm²、2100株/hm²、1990株/hm²和1980株/hm²。

（2）其他指标的调查

基于刺槐林的林分密度、林分平均直径、林分优势木的平均树高以及林分疏密度中任意2个林分因子的值，均可在刺槐林下植被生物量密度控制图中，推算出林下植被生物量以及林分其他因子的值。

比如，当刺槐人工林的等疏密度为0.8、优势木的平均树高为10m时，基于林下植被生物量密度控制图，可测算林下植被生物量、林分密度和平均直径。首先，在刺槐林下植被生物量密度控制图中，找到疏密度为0.8的等疏密度线和优势木平均树高为10m的等树高线的交点，而该交点的纵坐标为林下植被生物量（3.04t/hm²），该交点的横坐标为林分密度（1500株/hm²）。其次，通过距离该交点最近的等直径线的位置，可知此时的平均直径为11.5cm。

（3）基于林下植被生物量功能导向的林分调控

灌草层的生长发育受乔木层的影响变化幅度较大。在郁闭度高的林内，灌草层稀少，覆盖度低；在郁闭度低的林内，灌草层发育较好，覆盖度高（于大炮，2001）。根据林分乔木层抚育间伐措施，结合林下植被生物量密度控制图，可以在林下植被生物量密度控制图中获取林分在不同的抚育间伐措施下林下植被的生物量。比如，乔木层在进入近熟期（15a）时进行1次间伐，间伐株树为330株/hm²，此时林下植被生物量为2.65t/hm²，林分疏密度为0.7，间伐后林分郁闭度减小，林内光照增加，林地水分、养分竞争减小，林下植被生物量增加到3.12t/hm²，进而林下植被的防护功能增强。采用其他间伐措施，林下植被生物量的预估数据如表6-4所示。

随着林木的生长，林内水分和空间的竞争压力逐渐增大，导致林木生长受到抑制，生态效益下降，需要对林分进行抚育。现采取对林下植被进行清理的措施，减小林内植被水分、养分等条件的竞争，促进林木生长。如基于林下植被生物量的密度控制图，通过查找 4m 的等树高线与林分密度为 3000 株/hm² 的自然稀疏线交点，得到交点处的林下植被生物量为 5.2t/hm²，林分密度为 2600 株/hm²，林分疏密度为 0.62，林分平均直径为 6.8cm。将林下植被进行部分清理，清理后，林下植被生物量为 3t/hm² 时，林分密度保持不变仍为 2600 株/hm²，由这两个条件可在林下植被生物量密度控制图中得出，此时林木树高为 8m，直径为 9.5cm。

表 6-4　基于乔木层间伐措施的林下植被生物量的预估数据表

间伐次数/次	林龄/a	优势木高/m	疏密度		平均直径/cm		林分密度/（株/hm²）		生物量/（t/hm²）		林下生物量/（t/hm²）	
			伐前	伐后	伐前	伐后	伐前	伐后	伐前	伐后	株树	产量
0	25	12.3	0.85	—	12.5	—	1400	—	95	—	2.53	—
1	15	11.7	0.83	0.70	12.5	12.9	1410	1080	78	63	2.65	3.12
	25	12.3	0.75	—	13.8	—	1080	—	72	—	2.95	—
2	10	9.6	0.78	0.70	11.2	11.7	1500	1380	65	60	3.2	3.34
	20	12.2	0.83	0.70	13.2	13.8	1380	980	80	68	2.55	2.78
	25	12.3	0.70	—	13.9	—	980	—	69	—	2.75	—

6.3　基于涵养水源功能的林分密度控制图

6.3.1　水源涵养量与乔木层生物量之间的耦合关系

通过综合蓄水法对不同林龄不同密度的刺槐林的林冠层、枯枝落叶层和土壤层的水源涵养量进行计算。将得到的各刺槐林涵养水源量与乔木层生物量进行关系拟合，构建基于水源涵养功能的林分密度控制图。将各刺槐林的水源涵养量与乔木层生物量采用最大边界线法对两者之间的关系进行拟合，如图 6-6 所示，各林分水源涵养量随乔木层生物量的增大而增大，其拟合关系式可表示为。

$$Y_2 = 723.332 \times \ln(W) - 117.181 \qquad R^2_{adj} = 0.770 \qquad (6-12)$$

式中：Y_2 为水源涵养量（t/hm²）；W 为乔木层生物量（t/hm²）。

6.3.2　基于涵养水源功能的密度控制图的编制

通过刺槐林水源涵养量与乔木层生物量之间的拟合关系，并结合刺槐林生物量密度控制图的编制模型，可得到基于水源涵养功能密度控制图的相关模型，如下所示。

等树高线：

$$Y_2 = 723.332 \times \ln(a_{11} \times H^{b_{11}} \times N - a_{12} \times H^{b_{12}} \times N^2) - 117.181 \qquad (6-13)$$

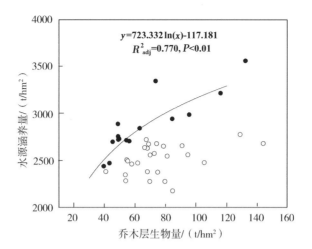

图 6-6 水源涵养量与乔木层生物量之间的耦合关系

等疏密度线：

$$Y_2 = 723.332 \times \ln(K_p \times N^{1-K_3}) - 117.181 \qquad (6-14)$$

最大密度线：

$$Y_2 = 723.332 \times \ln(K_{p=1.0} \times N^{1-K_3}) - 117.181 \qquad (6-15)$$

自然稀疏线：

$$Y_2 = 723.332 \times \ln[K_5 \times (N_0 - N) \times N_0^{-K_3}] - 117.181 \qquad (6-16)$$

等直径线：

$$Y_2 = 723.332 \times \ln(a \times D^b \times N^c) - 117.181 \qquad (6-17)$$

利用上述建立的模型，在双对数坐标系绘制水源涵养量密度控制图（图 6-7）。图中纵坐标为水源涵养量，横坐标为林分密度。

6.3.3 基于涵养水源功能密度控制图的应用

（1）水源涵养量预估

基于水源涵养量功能的密度控制图，可以对不同初始造林密度和不同林龄的刺槐林水源涵养量进行预估。例如，以栽植株行距分别为 2m×2.5m、2m×2m、1.5m×2m 和 1.5m×1.5m，即林分初始造林密度分别为 2000 株/hm²、2500 株/hm²、3333 株/hm² 和 4444 株/hm² 的刺槐林为例，在不进行抚育间伐条件下，可求出林龄分别为 10a、15a、20a 和 25a 时刺槐林的水源涵养量。

首先通过刺槐林平均优势树高生长曲线（图 6-3）查得林分在林龄为 10a、15a、20a 和 25a 时相应的林分优势木平均树高即分别为 9.6m、11.7m、12.2m 和 12.3m。然后根据林分优势木平均树高，基于水源涵养功能的林分密度控制图（图 6-7），分别找出 9.6m、11.7m、12.2m 和 12.3m 的等树高线与林分密度为 2000 株/hm² 的自然稀疏线

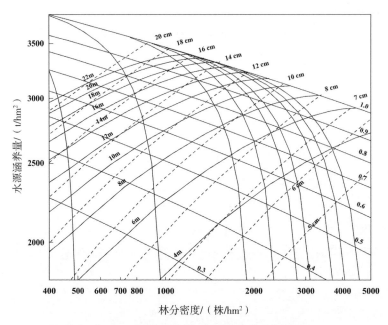

图 6-7 基于水源涵养功能的刺槐林分密度控制图

的交点，而该交点的纵坐标为林分水源涵养量分别为 2870t/hm²、2990t/hm²、3030t/hm² 和 3035t/hm²，该交点的横坐标即为林分密度分别为 1490 株/hm²、1390 株/hm²、1365 株/hm² 和 1355 株/hm²。以相同的查定方法，基于水源涵养功能的林分密度控制图，查得林分初始密度为 2500 株/hm² 的刺槐林在林龄为 10a、15a、20a 和 25a 时的林分水源涵养量分别为 2930t/hm²、3020t/hm²、3075t/hm² 和 3080t/hm²，相应的林分密度分别为 1725 株/hm²、1635 株/hm²、1550 株/hm² 和 1540 株/hm²；查得林分初始密度为 3333 株/hm² 的刺槐林在林龄为 10a、15a、20a 和 25a 时的林分水源涵养量分别为 2984t/hm²、3080t/hm²、3120t/hm² 和 3124t/hm²，相应的林分密度分别为 2050 株/hm²、1850 株/hm²、1780 株/hm² 和 1770 株/hm²；查得林分初始密度为 4444 株/hm² 的刺槐林在林龄为 10a、15a、20a 和 25a 时的林分水源涵养量分别为 3025t/hm²、3100t/hm²、3132t/hm² 和 3135t/hm²，相应的林分密度分别为 2350 株/hm²、2100 株/hm²、1990 株/hm² 和 1980 株/hm²。

（2）其他指标的调查

利用刺槐林林分密度、林分疏密度、林分平均直径和优势木平均高中的任意 2 个林分因子的值，均可基于水源涵养功能的密度控制图推算出林分水源涵养量和林分其他因子的值。

比如，当刺槐人工林的林分初始密度为 2000 株/hm²、优势木的平均树高为 10m 时，基于水源涵养功能的刺槐林林分密度控制图，可测算林分水源涵养量、林分平均直径以及林分疏密度。首先，基于水源涵养功能的密度控制图，找到优势木平均树高

为 10m 的等树高线与林分密度为 2000 株/hm² 自然稀疏线的交点，而该交点的纵坐标为
该林分密度下的刺槐林水源涵养量（2900t/hm²）。其次，通过距离该交点最近的等直径
线，可得出此时的平均直径为 11.5cm。最后，以相同的查定方法，找出距离该交点最近
的等疏密度线，可知该交点刚好位于 0.8 的等疏密度线上，即此时林分疏密度为 0.8。

6.4 基于土壤保育功能的林分密度控制图

6.4.1 土壤有机质与乔木层生物量之间的耦合关系

土壤有机质是衡量土壤肥力的重要指标，将不同林龄不同林分密度的刺槐林土壤
有机质含量与相应的乔木层生物量运用最大边界线法对两者之间的关系进行拟合。由
图 6-8 可知，各林分土壤有机质含量随乔木层生物量的增大而增大，其拟合关系式可
表示为

$$Y_3 = 1.842 \times W^{0.492} \qquad R^2_{adj} = 0.628 \qquad (6-18)$$

式中：Y_3 为涵养水源量（t/hm²）；W 为乔木层生物量（t/hm²）。

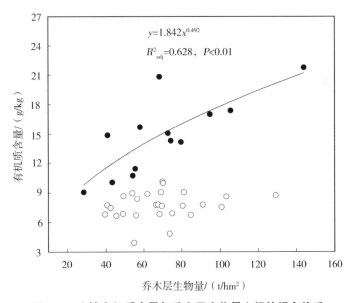

图 6-8 土壤有机质含量与乔木层生物量之间的耦合关系

6.4.2 基于土壤保育功能的密度控制图的编制

通过对刺槐林土壤有机质含量与乔木层生物量之间的关系进行分析与拟合，并结
合刺槐林生物量密度控制图的编制模型，可得到基于土壤保育功能的密度控制图编制
相关模型，如下所示。

等树高线：

$$Y_3 = 1.842 \times (a_{11} \times H^{b_{11}} \times N - a_{12} \times H^{b_{12}} \times N^2)^{0.492} \tag{6-19}$$

等疏密度线：

$$Y_3 = 1.842 \times (K_p \times N^{1-K_3})^{0.492} \tag{6-20}$$

最大密度线：

$$Y_3 = 1.842 \times (K_{p=1.0} \times N^{1-K_3})^{0.492} \tag{6-21}$$

自然稀疏线：

$$Y_3 = 1.842 \times [K_5 \times (N_0 - N) \times N_0^{-K_3}]^{0.492} \tag{6-22}$$

等直径线：

$$Y_3 = 1.842 \times (a \times D^b \times N^c)^{0.492} \tag{6-23}$$

利用上述建立的模型，在双对数坐标系绘制基于土壤保育功能的刺槐林分密度控制图（图6-9）。其中纵坐标为土壤有机质含量，横坐标为林分密度。

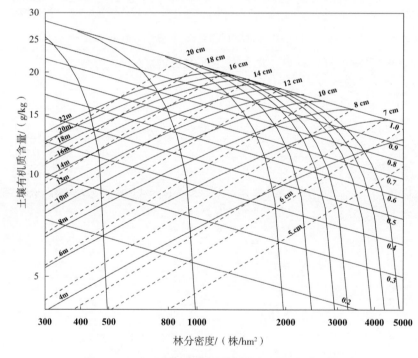

图6-9　基于土壤保育功能的刺槐林分密度控制图

6.4.3　基于土壤保育功能密度控制图的应用

（1）土壤有机质含量的预估

基于土壤保育功能的刺槐林分密度控制图（图6-9），可以对不同初始造林密度和不同林龄的刺槐林土壤有机质含量进行预估。例如，以栽植株行距分别为2m×2.5m、2m×2m、1.5m×2m 和 1.5m×1.5m，即林分初始造林密度分别为2000 株/hm²、2500

株/hm²、3333 株/hm² 和 4444 株/hm² 的刺槐林为例，在不进行抚育间伐条件下，可求出林龄分别为 10a、15a、20a 和 25a 时刺槐林的土壤有机质含量。

首先通过刺槐林平均优势树高生长曲线（图 6-3）查得林分在林龄为 10a、15a、20a 和 25a 时相应的林分优势木平均树高即分别为 9.6m、11.7m、12.2m 和 12.3m。然后根据林分优势木平均树高，基于土壤保育功能的林分密度控制图，可分别找出 9.6m、11.7m、12.2m 和 12.3m 的等树高线与林分初始密度为 2000 株/hm² 的自然稀疏线的交点，而该交点的纵坐标为刺槐林土壤有机质含量分别为 14.4g/kg、15.6g/kg、16.2g/kg 和 16.3g/kg，而该交点横坐标为林分密度分别为 1490 株/hm²、1390 株/hm²、1365 株/hm² 和 1355 株/hm²。以相同的查定方法，基于土壤保育功能的林分密度控制图，查得林分初始密度为 2500 株/hm² 的刺槐林在林龄为 10a、15a、20a 和 25a 时的林分土壤有机质含量分别为 15g/kg、16.1g/kg、16.6g/kg 和 16.7g/kg，相应的林分密度分别为 1725 株/hm²、1635 株/hm²、1550 株/hm² 和 1540 株/hm²；查得林分初始密度为 3333 株/hm² 的刺槐林在林龄为 10a、15a、20a 和 25a 时的林分土壤有机质含量分别为 15.7g/kg、16.7g/kg、17.2g/kg 和 17.3g/kg，相应的林分密度分别为 2050 株/hm²、1850 株/hm²、1780 株/hm² 和 1770 株/hm²；查得林分初始密度为 4444 株/hm² 的刺槐林在林龄为 10a、15a、20a 和 25a 时的林分土壤有机质含量分别为 16g/kg、17g/kg、17.4g/kg 和 17.5g/kg，相应的林分密度分别为 2350 株/hm²、2100 株/hm²、1990 株/hm² 和 1980 株/hm²。

（2）其他指标的调查

通过刺槐林的林分密度、林分平均直径、林分疏密度以及优势木平均高中任意 2 个林分因子的值，均可基于土壤保育功能的密度控制图推算出刺槐林土壤有机质含量以及林分其他因子的值。

比如，在刺槐人工林的林分初始密度为 2000 株/hm²、优势木的平均树高为 10m 时，基于土壤保育功能林分密度控制图可测算林分土壤有机质含量、林分疏密度和林分平均直径。首先，基于土壤保育功能的密度控制图找到优势木平均树高为 10m 的等树高线与林分密度为 2000 株/hm² 自然稀疏线的交点，而根据该交点所对应的纵坐标得出土壤有机质含量（14.7g/kg）。其次，找出距离该交点最近的等疏密度线，而该交点刚好在 0.8 的等疏密度线上，可得出此时的疏密度为 0.8。然后，以相同的查定方式可以得出此时的林分平均直径为 11.5cm。

6.5 基于径流调节功能的林分密度控制图

6.5.1 径流量与乔木层生物量之间的耦合关系

林分的蓄水减沙功能主要体现在林分坡面的径流和泥沙两个方面。对该研究区

1993—2012 年的 8 个坡面径流小区的 29 场野外降雨的产流产沙数据进行分析。其中，对坡面径流泥沙数据与降雨和植被等因素进行多元逐步回归分析可知，降雨强度、降雨量和乔木层生物量是影响坡面产流的主要影响因素，降雨强度和降雨量是影响坡面产沙的主要影响因素，由回归方程系数可知，降雨强度是决定坡面产流产沙的最主要因素，其次是降雨量和乔木层生物量。由于泥沙含量主要受降雨强度和降雨量的影响，与乔木层生物量之间的关系不显著。因此，将径流量作为蓄水减沙功能的代表性指标，构建刺槐林基于坡面径流调节功能的密度控制图。

将降雨强度、降雨量和乔木层生物量与坡面径流量进行多元线性回归，得到如下回归方程：

$$Y_4 = 2.155 X_1 + 0.936 X_2 - 1.106 X_3 + 65.932$$

$$R^2 = 0.527 \qquad (6-24)$$

式中：Y_4 为径流量（L/100m²）；X_1 为降雨强度（mm/h）；X_2 为降雨量（mm）；X_3 为乔木层生物量（t/hm²）。

对该研究区 1993—2012 年的 29 场历史降雨数据的降雨量与降雨强度求平均值进行分析可得：平均降雨量为 29.3mm，平均降雨强度为 11.5mm/h。将该平均值代入回归方程可得乔木层生物量与坡面径流量之间关系式，如下所示：

$$Y_4 = -1.106 X_3 + 118.139 \qquad (6-25)$$

该方程为在降雨量为 29.3mm、降雨强度为 11.5mm/h 时，乔木层生物量与坡面径流量之间的关系。式中：Y_4 为坡面径流量量（L/100m²），X_3 为乔木层生物量（t/hm²）。

6.5.2　基于径流调节功能的密度控制图的编制

通过对刺槐林坡面径流量与乔木层生物量之间的关系进行回归分析，得到两者之间的回归方程：

$$Y_4 = -1.106 X_3 + 118.139 \qquad (6-26)$$

式中：Y_4 为坡面径流量（L/100m²）；X_3 为乔木层生物量（t/hm²）。

通过两者之间的拟合关系，并结合刺槐林生物量密度控制图的编制模型，可得到基于坡面径流调节功能的密度控制图编制的相关模型，如下所示。

等树高线：

$$Y_4 = -1.106 \times (a_{11} \times H^{b_{11}} \times N - a_{12} \times H^{b_{12}} \times N^2) + 118.139 \qquad (6-27)$$

等疏密度线：

$$Y_4 = -1.106 \times (K_p \times N^{1-K_3}) + 118.139 \qquad (6-28)$$

最大密度线：

$$Y_4 = -1.106 \times (K_{p=1.0} \times N^{1-K_3}) + 118.139 \qquad (6-29)$$

自然稀疏线：

$$Y_4 = -1.106 \times [K_5 \times (N_0 - N) \times N_0^{-K_3}] + 118.139 \qquad (6-30)$$

等直径线：

$$Y_4 = -1.106 \times (a \times D^b \times N^c) + 118.139 \qquad (6-31)$$

利用上述建立的模型，在双对数坐标系绘制刺槐林坡面径流量密度控制图（图6-10）。其中纵坐标为坡面径流量，横坐标为林分密度。

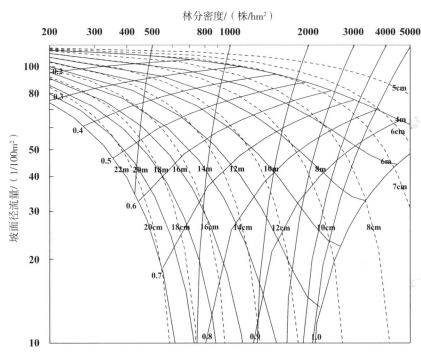

图6-10 基于坡面产流调节的刺槐林分密度控制图

6.5.3 基于径流调节功能的密度控制图的应用

（1）坡面径流量预估

基于径流调节功能的密度控制图（图6-10），可以对不同初始造林密度和不同林龄的刺槐林在降雨量为29.3mm、降雨强度为11.5mm/h时的坡面径流量进行预估。例如，以栽植株行距分别为2m×2.5m、2m×2m、1.5m×2m和1.5m×1.5m，即林分初始造林密度分别为2000株/hm²、2500株/hm²、3333株/hm²和4444株/hm²的刺槐林为例，在不进行抚育间伐条件下，可求出林龄分别为10a、15a、20a和25a时的刺槐林坡面径流量。

首先通过刺槐平均优势高生长曲线（图6-3）查得林分在林龄为10a、15a、20a和25a时相应的林分优势木平均高即分别为9.6m、11.7m、12.2m和12.3m。然后根据林分优势木平均树高，基于坡面径流调节功能的密度控制图，可分别找出 9.6m、11.7m、12.2m 和 12.3m 的等树高线与林分密度为 2000 株/hm² 的自然稀疏线的交点，而该交点的纵坐标为刺槐林坡面径流量分别为 44.0L/100m²、30.5L/100m²、25.0L/100m² 和 23.0L/100m²，该交点的横坐标为林分密度分别为 1490 株/hm²、1390 株/hm²、1365 株/hm² 和 1355 株/hm²。以相同的查定方法，基于坡面径流调节功能的密度控制图，查得林分初始密度为 2500 株/hm² 的刺槐林在林龄为 10a、15a、20a 和 25a 时的林分坡面径流量分别为 38.0L/100m²、27.0L/100m²、20.0L/100m² 和 18.0L/100m²，相应的林分密度分别为 1725 株/hm²、1635 株/hm²、1550 株/hm² 和 1540 株/hm²；查得林分初始密度为 3333 株/hm² 的刺槐林在林龄为 10a、15a、20a 和 25a 时的林分坡面径流量分别为 30.5L/100m²、17.5L/100m²、14.0L/100m² 和 13.0L/100m²，相应的林分密度分别为 2050 株/hm²、1850 株/hm²、1780 株/hm² 和 1770 株/hm²；查得林分初始密度为 4444 株/hm² 的刺槐林在林龄为 10a、15a、20a 和 25a 时的林分坡面径流量分别为 26.0L/100m²、15.0L/100m²、13.0L/100m² 和 12.5L/100m²，相应的林分密度分别为 2350 株/hm²、2100 株/hm²、1990 株/hm² 和 1980 株/hm²。

（2）其他指标的调查

通过刺槐林林分密度、林分疏密度、优势木平均树高以及林分平均直径中任意 2 个林分因子的值，基于坡面径流调节功能的密度控制图，均可推算出刺槐林在降雨量为 29.3mm、降雨强度为 11.5mm/h 条件下的坡面径流量以及林分其他因子的值。

比如，当刺槐人工林的林分初始密度为 2000 株/hm²、优势木的平均树高为 10m 时，基于坡面径流调节功能的密度控制图可测算林分坡面径流量、林分疏密度和林分平均直径。首先，基于坡面径流调节功能的密度控制图，找到优势木平均树高为 10m 的等树高线与林分密度为 2000 株/hm² 自然稀疏线的交点，而该交点的纵坐标为该林分密度下的坡面径流量（41.5L/100m²）。其次，找出距离该交点最近的等疏密度线，而该交点刚好位于 0.8 的等疏密度线上，得出此时的疏密度为 0.8。最后，以相同的查定方法，可得出林分的平均直径为 11.5cm。

6.6 基于水土保持综合功能的林分密度控制图

6.6.1 水土保持综合功能指数与乔木层生物量之间的耦合关系

将水土保持各功能的代表性指标建立综合功能指数，并通过最大边界线法将水土保持综合功能指数与乔木层生物量进行关系拟合，得到如图 6-11 所示的耦合关系，此时水土保持综合功能指数随乔木层生物量的增加呈现先增加后减小的趋势，其拟合关系式可表示为

$$Y_5 = -2.03549 \times 10^{-4} X^2 + 0.03166X + 0.12958 \qquad R_{adj}^2 = 0.628 \qquad (6-32)$$

式中：Y_5 为水土保持综合功能指数；X 为乔木层生物量（t/hm^2）。

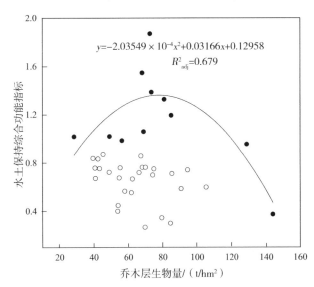

图 6-11　水土保持综合功能指数与乔木层生物量之间的耦合关系

6.6.2　基于水土保持综合功能的密度控制图的构建

通过对水土保持综合功能指数与乔木层生物量之间的关系进行分析与拟合，并结合刺槐林生物量密度控制图的编制模型，可得到基于水土保持综合功能指标的密度控制图编制的相关模型，如下所示。

等树高线：

$$Y_5 = -2.03549 \times 10^{-4} \times (a_{11} \times H^{b_{11}} \times N - a_{12} \times H^{b_{12}} \times N^2)^2 + 0.03166 \times$$
$$(a_{11} \times H^{b_{11}} \times N - a_{12} \times H^{b_{12}} \times N^2) + 0.12958 \tag{6-33}$$

等疏密度线：

$$Y_5 = -2.03549 \times 10^{-4} \times (K_p \times N^{1-K_3})^2 + 0.03166 \times (K_p \times N^{1-K_3}) + 0.12958$$

$$\tag{6-34}$$

最大密度线：

$$Y_5 = -2.03549 \times 10^{-4} \times (K_{p=1.0} \times N^{1-K_3})^2 + 0.03166 \times (K_{p=1.0} \times N^{1-K_3}) + 0.12958$$

$$\tag{6-35}$$

自然稀疏线：

$$Y_5 = -2.03549 \times 10^{-4} \times [K_5 \times (N_0 - N) \times N_0^{-K_3}]^2 + 0.03166 \times$$
$$K_5 \times (N_0 - N) \times N_0^{-K_3} + 0.12958 \tag{6-36}$$

等直径线：

$$Y_5 = -2.03549 \times 10^{-4} \times (a \times D^b \times N^c)^2 + 0.03166 \times (a \times D^b \times N^c) + 0.12958$$

$$\tag{6-37}$$

利用上述建立的模型，在双对数坐标系绘制刺槐林水土保持综合功能指标的密度控制图（图6-12）。其中纵坐标为水土保持综合功能指数，横坐标为林分密度。

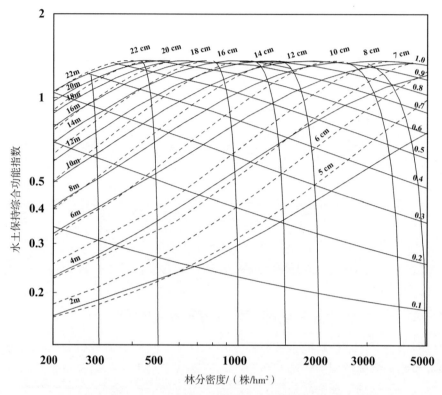

图6-12 基于水土保持综合功能指标的刺槐林分密度控制图

6.6.3 基于水土保持综合功能的密度控制图的应用

（1）水土保持综合功能指数预估

基于水土保持综合功能指标的密度控制图，可以对不同初始造林密度和不同林龄的刺槐林的水土保持综合功能指数进行预估。与以上各功能导向型林分密度控制图对各功能的预估方法一致。例如，以栽植株行距为2m×2.5m即林分初始造林密度为2000株/hm²的刺槐林为例，在不进行抚育间伐条件下，可求出林龄分别为10a、15a、20a和25a时的刺槐林水土保持综合功能指数。

首先通过刺槐平均优势树高生长曲线查得林分在林龄为10a、15a、20a和25a时相应的林分优势木平均树高分别为9.6m、11.7m、12.2m和12.3m。然后根据林分优势木平均树高，基于水土保持综合功能指标的密度控制图，可分别找出9.6m、11.7m、12.2m和12.3m的等树高线与林分密度为2000株/hm²的自然稀疏线的交点，而该交点的纵坐标为刺槐林水土保持综合功能指数分别为1.31、1.32、1.33和1.33，该交点的横坐标为林分密度分别为1490株/hm²、1390株/hm²、1365株/hm²和1355株/hm²。

（2）其他指标的调查

通过刺槐林林分密度、林分疏密度、优势木平均高以及林分平均直径中任意 2 个林分因子的值，基于水土保持综合功能指标的密度控制图，均可推算出刺槐林水土保持综合功能指数以及林分其他因子的值。

比如，当刺槐人工林的林分初始密度为 2000 株/hm² 、优势木的平均树高为 8m 时，基于水土保持综合功能指标的密度控制图可测算林分综合功能指数、林分疏密度和林分平均直径。首先，基于水土保持综合功能指标的密度控制图，找到优势木平均高为 8m 的等树高线与林分密度为 2000 株/hm² 自然稀疏线的交点，而该交点的纵坐标为该林分密度下的综合功能指数 1.26。其次，找出距离该交点最近的等疏密度线，而该交点刚好位于 0.7 的等疏密度线偏上位置，得出此时的疏密度为 0.72。最后，以相同的查定方法，可得出林分的平均直径为 10.0cm。

6.7 功能导向型林分密度控制图编制及应用

生物量是发挥林分功能效益的物质基础，蓄积量是代表林分生产力的指标。两者的增长都是随着林分树高、胸径的生长受（除立地条件外）林分密度控制的动态生长过程，且两者随密度的变化均符合密度效应规律，因此为林分生物量和蓄积量均通过密度效应二项式、密度效应乘幂式和密度效应倒数二项式构建等树高线、等疏密度线、自然稀疏线和等直径线（尹泰龙，1978，1984）。并将乔木层生物量与各功能的代表性指标进行关系耦合，通过耦合关系将各功能指标引入林分生物量密度控制图，构建水土保持功能导向的林分密度控制图。

通过乔木层生物量与各功能代表性指标的耦合关系可知，林下植被生物量随乔木层生物量的增加而减小。这是由于林内土壤水、光、养分和空间等资源的竞争，使林分结构指数的增加降低了林下植被生物量，而这一结果与某些研究结果一致（MacLean and Wein，1977；González–Hernández et al.，1998；Ares et al.，2010；Ahmad et al.，2019）。林分水源涵养量随乔木层生物量的增加而增加，这是由于随着林龄的增加，林木不断生长，枝叶逐渐扩展，生物量逐渐增大，林分凋落物不断得到积累，枯落物厚度与蓄积不断增加，在适宜条件下，通过微生物的分解，有机质不断增加，进而改善土壤结构。因此，刺槐植被层、枯枝落叶层和土壤层最大持水量均随林龄、生物量的增加而增大（王鹏程，2007）。土壤有机质含量随乔木层生物量的增加而增加，这主要是因为随着生物量的增加，枯落物不断积累，在适宜条件下，通过微生物的分解，有机质不断增加。坡面径流量随乔木层生物量的增加而减小，这是由于植被具有一定的拦蓄降雨的作用，随着植被生物量增加，其拦蓄作用增强，径流量减小（张建军等，1996；张晓明，2003）。但因为坡面径流量不仅受林分生物量的影响，还受降雨条件（降雨量、降雨强度）的影响，其中随着降雨量和降雨强度的增大，坡面径流量随之增大。因此，本节将坡面径流量与降雨量、降雨强度和乔木层生物量进行回归分析，并将 29 场降雨的降雨量与降雨强度的平均值代入回归关系，构建该降雨条件下的乔木层生物量与坡面径流量之间的耦合关系，进而构建该降雨条件下的坡面径流量密度控制图。

林分密度控制图可用于资源清查、间伐、生长预测、经营类型和造林密度的确定等方面（尹泰龙，1978；张铁砚等，1989）。而功能导向型密度控制图是由林分密度控制图演化而来，不仅可以对林分的功能进行预测，而且可以进行资源清查、生长预测、经营类型和造林密度的确定，而对林分的间伐仍需结合林分密度控制图。对于林分的间伐要求必须遵循砍小留大的下层间伐方法；且 1 次间伐疏密度最多降低 0.2；伐后疏密度不低于 0.6，最后一次间伐疏密度不得低于 0.5，即为间伐三原则（李谷景，1979；张铁砚，1989）。其中，通过疏密度（P）的划分来确定经营管理类型：当 $P<0.3$ 时为改造型，当 $0.3 \leqslant P<0.5$ 时为封育型，当 $0.5 \leqslant P<0.7$ 时为缓抚型，当 $P \geqslant 0.7$ 时为抚育型（李谷景，1979；尹泰龙，1984；赵海林，1987）。

为了使林分获得最佳的以及可持续的竞争性服务，常常需要权衡取舍（Ahmad et al.，2018，2019）。通过本节各功能的代表性指标与乔木层生物量的耦合关系可知，林分水源涵养功能、土壤保育功能和坡面径流调节功能均随乔木层生物量的增加而增强，而林下植被生物量随乔木层生物量的增加而减小。这主要是由于受林内土壤水、光、养分和空间等资源的限制，尤其是水分的限制，使乔木层与林下植被的生长竞争激烈。然而林下植被的生长，对森林的健康与稳定、土壤侵蚀控制、水文调节、林木自然更新和生物多样性保护等功能具有重要的作用（Naeem and Li，1997；Bauhus et al.，2001；Dauber et al.，2003；Suchar and Crookston，2010；Zhang et al.，2015；Deng，2017）。因此，为了使刺槐林更好地生长、林分功能不断提升，需要对乔木层与林下植被的生长进行权衡。在郁闭度为 0.7 的原则下对乔木层生物量与林下植被生物量进行权衡，可得在林龄为 10a、15a、20a 和 25a 时，其最优林分密度分别为 2300 株/hm²、1800 株/hm²、1400 株/hm² 和 1100 株/hm²。该林分密度与前人研究结果较一致（张建军等，2007；侯贵荣，2020）。其中，张建军等（2007）对晋西黄土区水分循环要素进行了长期监测，以水分亏缺量为依据，提出刺槐水土保持林合理密度范围为 700~3000 株/hm²，认为以水土保持为目的的适宜林分密度在 700 株/hm² 左右，幼龄林的林分密度控制在 2300 株/hm² 以内最大不超过 3000 株/hm² 时，才能保证林木的正常生长，且不会造成土壤干化。侯贵荣（2020）对晋西黄土区刺槐林进行低效林分的判定与分级，并对不同程度低效的刺槐林提出适宜的林分密度范围，即 1400~1700 株/hm²，其中轻度低效适宜林分密度为 1698 株/hm²，中度低效刺槐林适宜林分密度为 1529 株/hm²，重度低效刺槐林适宜林分密度为 1459 株/hm²。因此，结合该研究区依据土壤水分亏缺量得出的刺槐林适宜林分密度范围与该区低效刺槐林林分改造的适宜林分密度范围的基础上，本节将乔木层与林下植被的生长在郁闭度为 0.7 的原则下进行权衡所得的在林龄为

10a、15a、20a 和 25a 时，其林分密度分别为 2300 株/hm²、1800 株/hm²、1400 株/hm²和 1100 株/hm²作为最优林分密度。

本节通过各功能导向型林分密度控制图，以及林分生物量密度控制图，对植株行距分别为 1.5m×1.5m、1.5m×2m、2m×2m 和 2m×2.5m，即初始林分密度分别为 4444 株/hm²、3333 株/hm²、2500 株/hm² 和 2000 株/hm² 的刺槐林在不进行抚育间伐条件下，对林分年龄在 10a、15a、20a 和 25a 时的生物量及各功能水平进行了预测。随着林龄的增加，林分疏密度逐渐增加。然而，当疏密度 $P \geq 0.7$ 时，则需要对林分进行抚育间伐。以本节得出的最优林分密度为调控目标，则需要对初始林分密度为 4444 株/hm² 和 3333 株/hm²的刺槐林分别在林龄为 10a 和 20a 时进行间伐，其间伐强度分别为 32.8%、30.7%、29.7% 和 21.8%；对初始林分密度为 2500 株/hm² 和 2000 株/hm² 的刺槐林在林龄为 20a进行 1 次间伐，其间伐强度分别为 28.4% 和 18.7%（表 6-5）。其中，对该区不同林龄条件下最优林分密度的刺槐生长以及各功能进行预测，结果如表 6-6 所示，其随林龄的增加各功能逐渐增强。

6.8 本章小结

本章以林分生物量密度控制图为基础，通过最大边界法及回归分析法将水土保持各功能的代表性指标（林下植被生物量、水源涵养量、土壤有机质含量和坡面径流量）分别与乔木层生物量进行关系耦合。通过耦合关系，将各功能指标引入林分生物量密度控制图，构建各功能导向型林分密度控制图，即基于林下植被生物量的林分密度控制图、基于水源涵养功能的林分密度控制图、基于土壤保育功能的林分密度控制图和基于坡面径流调节功能的林分密度控制图。

由林业行业标准《主要树种龄级和龄组划分》可知，刺槐的龄组划分为：≤10a为幼龄林、11~15a 为中龄林、16~20a 为近熟林、21~30a 为成熟林、≥31a 为过熟林。因此本章节选取林龄 10a、15a、20a 和 25a 分别代表幼龄林、中龄林、近熟林和成熟林，并在刺槐平均优势树高生长曲线中得到其平均优势高分别为 9.6m、11.7m、12.2m和 12.3m。

结合前人对该研究区刺槐林以水分亏缺量为依据提出的适宜林分密度范围（700~3000 株/hm²）以及该区低效林改造的适宜林分密度范围（1400~1700 株/hm²），将乔木层与林下植被层生物量最大时而得倒的在林龄为 10a、15a、20a 和 25a 时的林分密度2300 株/hm²、1800 株/hm²、1400 株/hm² 和 1100 株/hm² 作为林分调控的最优林分密度。现以栽植株行距分别为 1.5m×1.5m、1.5m×2m、2m×2m 和 2m×2.5m，即林分初始造林密度分别为 4444 株/hm²、3333 株/hm²、2500 株/hm² 和 2000 株/hm² 的刺槐林为例，通过各功能导向型林分密度控制图对各初始林分密度不同时期的刺槐林林分功能以及生长进行预估。由于该研究区土壤水分是限制林木生长的主要因素，而林分密度

表 6-5 不同初始林分密度刺槐林的间伐措施及生长预测

株行距/m	初始林分密度/(株/hm²)	林龄/a	优势高/m	平均直径/cm		林分密度/(株/hm²)		疏密度		生物量/(t/hm²)		间伐		间伐强度/%
				伐前	伐后	伐前	伐后	伐前	伐后	伐前	伐后	株树	生物量	
1.5×1.5	4444	10	9.6	10.1	11.0	2350	1580	0.96	0.80	81	67	770	14	32.8
	4444	20	12.2	12.3	13.2	1580	1110	0.93	0.75	89	72	470	17	29.7
	4444	25	12.3	13.3	—	1110	—	0.76	—	97	—	—	—	—
1.5×2	3333	10	9.6	10.2	11.2	2050	1420	0.92	0.75	77	63	630	14	30.7
	3333	20	12.2	12.8	13.2	1420	1110	0.88	0.75	85	72	310	13	21.8
	3333	25	12.3	13.3	—	1110	—	0.76	—	73	—	—	—	—
2×2	2500	20	12.2	12.3	13.2	1550	1110	0.92	0.75	89	72	440	17	28.4
	2500	25	12.3	13.3	—	1110	—	0.76	—	73	—	—	—	—
2×2.5	2000	20	12.2	12.8	13.2	1365	1110	0.86	0.75	82	72	255	10	18.7
	2000	25	12.3	13.3	—	1110	—	0.76	—	73	—	—	—	—

表 6-6 最优林分密度的各功能指标的预测值

林龄/a	林分密度/(株/hm²)	优势树高/m	平均直径/cm	疏密度	乔木层生物量/(t/hm²)	林下植被生物量/(t/hm²)	水源涵养量/(t/hm²)	土壤有机质含量/(t/hm²)	坡面径流量/(t/hm²)	各功能综合指标
10	2300	4.0	6.7	0.56	29.67	5.5	2370	9.9	84	0.91
15	1800	8.2	10.1	0.80	63.49	3.3	2890	14.1	48	1.30
20	1400	11.9	12.5	0.86	80.88	2.6	3040	15.7	29	1.33
25	1100	12.8	13.7	0.78	74.96	2.8	3000	15.6	33	1.30

过大会加剧林木竞争，不利于林分健康稳定的生长。因此，以最优林分密度为林分调控的目标，并结合林分密度控制图间伐原则，提出适宜的林分调控措施，即对初始林分密度为 4444 株/hm² 和 3333 株/hm² 的刺槐林分别在林龄为 10a 和 20a 时进行间伐，其间伐强度分别为 32.8%、30.7%、29.7% 和 21.8%；对初始林分密度为 2500 株/hm² 和 2000 株/hm² 的刺槐林在林龄为 20a 进行 1 次间伐，其间伐强度分别为 28.4% 和 18.7%。

参考文献

毕华兴，张建军，张学培，2003. 山西吉县 2010 年水土资源承载力预测 [J]. 北京林业大学学报，25（1）：69-73.

卜庆珠，1983. 广东省杉木林分密度控制图的编制与应用 [J]. 热带林业（4）：1-12.

曹忠，2015. 立木材积无损精测与建模方法研究 [D]. 北京：北京林业大学.

曹娟，闫文德，项文化，等，2015. 湖南会同 3 个林龄杉木人工林土壤碳、氮、磷化学计量特征 [J]. 林业科学，51（7）：1-8.

曹祖宁，2008. 小叶青冈林分生长模型及其种群生态学特征研究 [D]. 福州：福建农林大学.

陈丽，郝晋珉，陈爱琪，等，2017. 基于二元水循环的黄淮海平原耕地水源涵养功能研究 [J]. 生态学报，37（17）：1-11.

陈永宗，等，1988. 黄土高原现代侵蚀与治理 [M]. 北京：科学出版社.

崔艳红，毕华兴，侯贵荣，等，2021. 晋西黄土残塬沟壑区刺槐林土壤入渗特征及影响因素分析 [J]. 北京林业大学学报，43（1）：77-87.

崔卓卿，2015. 洞庭湖区两种森林类型水土保持功能研究 [D]. 长沙：中南林业科技大学.

董利虎，2015. 东北林区主要树种及林分类型生物量模型研究 [D]. 哈尔滨：东北林业大学.

段旭，王彦辉，于澎涛，等，2010. 六盘山分水岭沟典型森林植被对大气降雨的再分配规律及其影响因子 [J]. 水土保持学报，24（5）：120-125.

范慧涛，2019. 御道口樟子松防护林防风效能研究 [D]. 保定：河北农业大学.

冯磊，王治国，孙保平，等，2012. 黄土高原水土保持功能的重要性评价与分区 [J]. 中国水土保持科学，10（4）：16-21.

冯仲科，殷嘉俭，贾建华，等，2001. 数字近景摄影测量用于森林固定样地测树的研究 [J]. 北京林业大学学报，23（5）：15-18.

冯愿楠，2008. 晋西黄土区林草植被特征数量化研究 [D]. 北京：北京林业大学.

贺姗姗，2009. 北京山区油松人工林林分结构与生长模拟研究 [D]. 北京：北京林业大学.

龚诗涵，肖洋，郑华，等，2017. 中国生态系统水源涵养空间特征及其影响因素 [J]. 生态学报，37（7）：314-321.

郭恩莹，2009. 桉树人工林林分生长模型研究 [D]. 福州：福建农林大学.

郭梦娇，朱江，程小琴，等，2016. 辽河源不同林龄油松林水源涵养能力研究 [J]. 水土保持学报，30（3）：279-284.

郭鑫，2020. 山西省森林质量精准提升对策研究 [J]. 内蒙古林业调查设计，43（1）：17-19.

国家统计局，2017. 中国统计年鉴 [M]. 北京：中国统计出版社.

何静，朱光玉，张学余，等，2021. 基于立地与密度效应的湖南栎类天然林平均木胸径生长模型

［J］. 中南林业科技大学学报，41（10）：1-8.

贺红早，张珍明，何云松，等，2013. 贵州省云台山喀斯特森林土壤性状特征研究［J］. 湖北农业科学（13）：41-44.

侯贵荣，2017. 坝上张北典型杨树人工林恢复重建技术基础研究［D］. 北京：北京林业大学.

侯贵荣，毕华兴，魏曦，等，2018. 黄土残塬沟壑区3种林地枯落物和土壤水源涵养功能［J］. 水土保持学报，32（2）：357-363，371.

侯贵荣，2020. 晋西黄土区低效刺槐林林分结构优化研究［D］. 北京：北京林业大学.

侯晓臣，孙伟，李建贵，等，2018. 森林生态系统水源涵养能力计量方法研究进展与展望［J］. 干旱区资源与环境，32（1）：121-127.

胡春宏，2016. 黄河水沙变化与治理方略研究［J］. 水力发电学报，35（10）：1-11.

胡春宏，张晓明，2019. 关于黄土高原水土流失治理格局调整的建议［J］. 中国水利（23）：5-7.

胡春宏，张晓明，赵阳，2020. 黄河泥沙百年演变特征与近期波动变化成因解析［J］. 水科学进展，31（5）：103-111.

胡春宏，张晓明，2020. 黄土高原水土流失治理与黄河水沙变化［J］. 水利水电技术，51（1）：1-11.

胡顺军，田长彦，宋郁东，等，2011. 土壤渗透系数测定与计算方法的探讨［J］. 农业工程学报（5）：68-72.

贾如浩，杨建利，赵西宁，等，2019. 二元覆盖对苹果树低耗水生育期土壤水分的影响［J］. 应用生态学报，30（12）：4082-4090.

姜生伟，2009. 落叶松人工林林木动态模型的研究［D］. 哈尔滨：东北林业大学.

姜文南，张铁砚，耿山，1981. 长白落叶松坑木林林分密度控制图编制的研究［J］. 林业科技通讯（6）：8-15.

靳爱仙，周国英，史大林，等，2009. 马尾松人工林碳储量密度控制图的编制［J］. 西北林学院学报，24（3）：54-57.

金小麒，1991. 水土保持计量研究概况［J］. 贵州林业科技，19（1）：63-73.

孔维健，周本智，安艳飞，等，2010. 人工毛竹林水文生态功能的初步研究［J］. 林业科学研究，23（5）：713-718.

孔凌霄，2019. 晋西黄土区刺槐林水分生产函数研究及应用［D］. 北京：北京林业大学.

季冬，关文彬，谢春华，2007. 贡嘎山暗针叶林枯落物截留特征研究［J］. 中国水土保持科学，5（2）：86-90.

李希菲，唐守正，王松林，1988. 大岗山实验局杉木人工林可变密度收获表的编制［J］. 林业科学研究（4）：382-389.

李平，王冬梅，丁聪，等，2020. 黄土高寒区典型植被类型土壤入渗特征及其影响因素［J］. 生态学报，40（5）：1-11.

李武斌，宋永永，薛东前，等，2018. 1990—2015年黄土高原地区城镇化与城市发展数据集［D］. 西安：陕西师范大学.

雷丽群，卢立华，农友，等，2017. 不同林龄马尾松人工林土壤碳氮磷生态化学计量特征［J］. 林业科学研究，30（6）：954-960.

梁守伦，王洪涛，冀永敏，等，1996. 太行山油松人工林林分密度控制图的编制［J］. 山西林业科技，3：1-6.

林杰，洪伟，陈平留，等，1982. 马尾松人工林林分密度控制图的编制 [J]. 林业资源管理 (4)：37-42.

林丽平，徐期瑚，罗勇，等，2018. 广东省樟树立木生长规律和生长模型研究 [J]. 中南林业科技大学学报，38 (6)：23-29.

刘君然，1994. 密度指数与林分测树因子数学模型及应用 [J]. 林业科学，30 (3)：247-252.

刘景芳，童书振，1980. 编制杉木林分密度管理图研究报告 [J]. 林业科学，16 (4)：241-251.

刘江，吕涛，张立欣，等，2020. 基于主成分分析的不同种植年限甘草地土壤质量评价 [J]. 草业学报，29 (6)：162-171.

刘璐璐，邵全琴，刘纪远，等，2013. 琼江河流域森林生态系统水源涵养能力估算 [J]. 生态环境学报，22 (3)：451-457.

刘若莎，王冬梅，2021. 黄土高原高寒区不同人工林土壤养分及生态化学计量特征 [J]. 北京林业大学学报，43 (1)：88-95.

刘向东，吴钦孝，赵鸿雁，1994. 森林植被垂直截留作用与水土保持 [J]. 水土保持研究，1 (3)：8-13.

刘艳辉，2007. 黄土区影响土壤侵蚀的林地植被因子研究 [D]. 北京：北京林业大学.

刘芝芹，2014. 云南高原山地典型小流域森林水文生态功能的研究 [D]. 昆明：昆明理工大学.

刘澄，2008. 林分密度对华北落叶松人工林林木生长及林下植物多样性影响的研究 [D]. 保定：河北农业大学.

鲁如坤，1999. 土壤农业化学分析方法 [M]. 北京：中国农业科技出版社.

刘占辉，梁凤山，朱万才，2014. 天然白桦林树高生长模型 [J]. 林业科技情报，46 (2)：32-33.

鲁静，2011. 浅论水土保持在水利可持续发展中的重要作用 [J]. 甘肃科技 (7)：5-6.

罗军伟，2017. 鲁中山区不同立地条件下侧柏、赤松、刺槐生长分析与模拟 [D]. 泰安：山东农业大学.

马钦彦，1988. 油松林生物量-密度控制图 [J]. 北京林业大学，10 (3)：67-76.

马维玲，石培礼，宗宁，等，2017. 太行山区主要森林生态系统水源涵养能力 [J]. 中国生态农业学报，25 (4)：478-489.

孟宪宇，1996. 全国高等林业院校教材测树学：林业专业用 [M]. 2 版. 北京：中国林业出版社.

欧光龙，胥辉，2020. 森林生物量模型研究综述 [J]. 西南林业大学学报：自然科学，40 (1)：2+7-16.

欧国耀，2019. 水土流失影响因子观测方法简介 [J]. 农业开发与装备 (2)：60-61.

庞学勇，包维楷，张咏梅，等，2005. 岷江上游中山区低效林改造对枯落物水文作用的影响 [J]. 水土保持学报，19 (4)：119-122.

庞圣江，张培，贾宏炎，等，2015. 桂西北不同森林类型土壤生态化学计量特征 [J]. 中国农学通报，31 (1)：17-23.

乔勇虎，郭东静，陈锡云，2018. 甘肃西峰地区刺槐林冠对降雨特性的影响研究 [J]. 干旱区资源与环境，32 (5)：160-164.

任璐璐，张炳学，韩凤朋，等，2017. 黄土高原不同年限刺槐土壤化学计量特征分析 [J]. 水土保持学报，31 (2)：339-344.

冉崇军，2010. 水土保持在水资源环境可持续发展中的作用［J］. 农技服务，27（10）：1358.

尚爱军，2008. 黄土高原植被恢复存在的问题及对策研究［J］. 西北林学院学报（5）：46-50+54.

邵永礼，1981. 林分密度控制图的使用与检查［J］. 吉林林业科技（4）：45-47.

师江澜，杨正礼，2002. 黄土高原植被恢复中的主要问题与对策探讨［J］. 西北林学院学报，17（3）：16-18.

田镐锡，1980. 编制林分密度控制图的理论依据［J］. 林业资源管理（1）：36-39.

田猛，曾伟生，孟京辉，等，2015. 福建杉木人工林密度控制图研制及应用［J］. 西北林学院学报，（3）：157-163.

田光进，张增祥，赵晓丽，等，2002. 中国耕地土壤侵蚀空间分布特征及生态背景［J］. 生态学报，22（1）：10-16.

汪有科，吴钦孝，韩冰，等. 1994. 森林植被水土保持功能评价［J］. 水土保持研究（3）：24-30.

王爱娟，章文波，2009. 林冠截留降雨研究综述［J］. 水土保持研究，16（4）：55-59.

王成德，2019. 人工林树冠生长模拟及密度控制决策技术研究［D］. 北京：北京林业大学.

王恩苓，2009. 关于切实推进森林经营工作的思考［J］. 绿色中国，8（3）：7-13.

王光谦，钟德钰，吴保生，2020. 黄河泥沙未来变化趋势［J］. 中国水利（1）：9-12.

王晶，2009. 六盘山南部华北落叶松人工林生长特征及其影响因子［D］. 哈尔滨：东北林业大学.

王力，李裕元，李秧秧，2004. 黄土高原生态环境的恶化及其对策［J］. 自然资源学报（2）:263-271.

王雪梅，2001. 陕西渭北刺槐林分生长收获模型研究［D］. 杨凌：西北农林科技大学.

王笃治，吴敬，施遵灿，等，1985. 闽北杉木林分密度控制图的编制及其应用［J］. 福建林业科技，（1）：1-11+13-14.

王宁，毕华兴，郭孟霞，等，2019. 晋西黄土残塬沟壑区刺槐人工林土壤水分植被承载力研究［J］. 水土保持学报，165（6）：215-221.

王平安，任旭明，薄夫京，等，2020. 关帝山不同林龄华北落叶松人工林土壤化学计量特征及土壤理化性质分析［J］. 山西农业科学，48（6）：130-137.

王万常，赵航前，1990. 山西省太行山地区油松人工林林分密度控制图的编制［J］. 山西林业科技（1）：13-18.

王鹏程，2007. 三峡库区森林植被水源涵养功能研究［D］. 北京：中国林业科学研究院.

王绍强，于贵瑞，2008. 生态系统碳氮磷元素的生态化学计量学特征［J］. 生态学报，28（8）：3937-3947.

王珊珊，毕华兴，刘俊，等，2020. 晋西黄土区不同密度刺槐林土壤入渗特征及其影响因素［J］. 水土保持学报，34（5）：231-243.

王晓燕，毕华兴，高路博，等，2014. 晋西黄土区不同空间尺度径流影响因子的辨析［J］. 西北农林科技大学学报：自然科学版，42（1）：159-166.

魏曦，2018. 晋西黄土区典型人工林分结构与水土保持功能耦合关系研究［D］. 北京：北京林业大学.

魏天兴，2001. 黄土残塬沟壑区降雨侵蚀分析［J］. 水土保持学报，15（4）：47-50.

卫伟，陈立顶，傅伯杰，等，2006. 半干旱黄土丘陵沟壑区降水特征值和下垫面因子影响下的水土流失规律［J］. 生态学报，26（11）：3847-3853.

文仕知，朱光玉，王忠诚，等，2012. 湘西榿木人工林蓄积量模型及适宜经营密度研究［J］. 中国农学通报, 28 (1): 92-97.

吴发启, 赵晓光, 刘秉正, 等, 1999. 黄土高原南部缓坡耕地降雨与侵蚀的关系 [J]. 水土保持研究, 6 (2): 53-60.

吴多洋, 焦菊英, 于卫洁, 等, 2017. 陕北刺槐林木生长及林下植被与土壤水分对种植密度的响应特征 [J]. 西北植物学报, 37 (2): 346-355.

鲜靖苹, 张家洋, 胡海波, 2014. 森林冠层水文研究进展 [J]. 西北林学院学报 (3): 101-109.

项文化, 田大伦, 闫文德, 2003. 森林生物量与生产力研究综述 [J]. 中南林业调查规划, 22 (3): 57-60.

谢利玉, 1992. 关于提高杉木林分密度控制图整体精度的探讨 [J]. 中南林业调查规划 (1): 43-48.

谢利玉, 1992. 一次拟合法与二次拟合法求解模型参数的研究: 以林分密度控制图等上层高线模型拟合为例 [J]. 江西林业科技 (1): 4-7.

肖洋, 2005. "3S" 技术在水源涵养林效能定量评估中的应用 [D]. 哈尔滨: 东北林业大学.

肖锐, 2015. 不同初植密度杂种落叶松幼龄林林分动态模拟 [D]. 哈尔滨: 东北林业大学.

薛立, 杨鹏, 2004. 森林生物量研究综述 [J]. 森林与环境学报, 24 (3): 283-288.

徐军, 2016. 林冠和枯落物结构对水分截留和溅蚀的影响 [D]. 北京: 北京林业大学.

徐敬华, 2008. 黄土丘陵区人工植被恢复对土壤水力性质的影响 [D]. 杨凌: 西北农林科技大学.

严风翔, 2014. 大青山华北落叶松人工林生长规律的研究 [J]. 内蒙古林业调查设计, 37 (4): 87-90.

杨帆, 肖梦景, 杜丹琼, 等, 2015. 云南高原盆地城市水源地土壤水源涵养能力研究 [J]. 林业调查规划, 40 (2): 44-48.

易文明, 周刚, 邓家友, 等, 2011. 慈利县水土保持林下凋落物的蓄水功能 [J]. 中南林业科技大学学报: 自然科学版, 31 (3): 144-146.

衣晓丹, 王新杰, 2013. 杉木人工纯林与混交林下几种土壤养分对比及与生长的关系 [J]. 中南林业科技大学学报, 33 (2): 34-38.

尹泰龙, 韩福庆, 迟金城, 等, 1978. 林分密度控制图的编制与应用 [J]. 林业科学, 14 (3): 1-11.

尹泰龙, 1984. 林分密度控制图 [M]. 北京: 中国林业出版社.

余新晓, 吴岚, 饶良懿, 等, 2008. 水土保持生态服务功能价值估算 [J]. 中国水土保持科学 (1): 83-86.

余新晓, 张学霞, 李建牢, 等, 2006. 黄土地区小流域植被覆盖和降水对侵蚀产沙过程的影响 [J]. 生态学报, 26 (1): 1-8.

于国强, 李占斌, 裴亮, 等, 2012. 不同植被类型下坡面径流侵蚀产沙差异性 [J]. 水土保持学报, 26 (1): 1-5.

于大炮, 2001. 辽西地区生态经济型水土保持林效益评价及模式研究 [D]. 沈阳: 沈阳农业大学.

原翠萍, 李淑芹, 雷启祥, 等, 2010. 黄土丘陵沟壑区治理与非治理对比小流域侵蚀产流比较研究 [J]. 中国农业大学学报 (6): 95-101.

袁媛, 2018. 原生态设计理念下的传统窑洞民居改造设计研究 [D]. 桂林: 广西师范大学.

臧廷亮, 张金池, 1999. 森林枯落物的蓄水保土功能 [J]. 南京林业大学学报: 自然科学版 (2): 81-84.

中国科学院南京土壤研究所，1978. 土壤理化分析 ［M］. 上海：上海科技出版社.

张彪，李文华，谢高地，等，2009. 森林生态系统的水源涵养功能及其计量方法 ［J］. 生态学杂志
（3）：155-160.

张超，王治国，凌峰，等，2016. 水土保持功能评价及其在水土保持区划中的应用 ［J］. 中国水土保
持科学（5）：90-99.

张富荣，柳洋，史常明，等，2021. 不同恢复年限刺槐林土壤碳、氮、磷含量及其生态化学计量特征
［J］. 生态环境学报，30（3）：485-491.

张光灿，刘霞，赵玫，1999. 泰山几种林分枯落物和土壤水文效应研究 ［J］. 林业科技通讯（6）：
28-29.

张恒硕，查同刚，张晓霞，2020. 晋西黄土区退耕年限对土壤物理性质的影响 ［J］. 北京林业大学学
报，42（6）：123-133.

张佳楠，张建军，张海博，等，2019. 晋西黄土区典型林分水源涵养能力评价 ［J］. 北京林业大学学
报，41（8）：109-118.

张建国，2004. 理论生长方程与直径结构模型的研究 ［M］. 北京：科学出版社.

张建军，毕华兴，魏天兴，2002. 晋西黄土区不同密度林分的水土保持作用研究 ［J］. 北京林业大学
学报，24（3）：50-53.

张建军，清水晃，2005. 日本山地森林小流域悬移质泥沙研究 ［J］. 北京林业大学学报，27（6）：
14-19.

张建军，贺维，纳磊，2007. 黄土区刺槐和油松水土保持林合理密度的研究 ［J］. 中国水土保持科
学，5（2）：55-59.

张庆费，周晓峰，1999. 黑龙江省汤旺河和呼兰河流域森林对河川年径流量的影响 ［J］. 植物资源与
环境，8（1）：23-28.

张秋良，春兰，吴彤，等，2011. 内蒙古蛮汉山森林生态系统服务功能的评估 ［J］. 中南林业科技大
学学报，31（12）：43-48.

张铁砚，姜文南，王义廷，1989. 日本落叶松林分密度控制图的编制及应用 ［J］. 林业科学研究，2
（3）：304-309.

张三焕，赵国柱，田允哲，等，2001. 长白山珲春林区森林资源资产生态环境价值的评估研究 ［J］.
延边大学学报：自然科学版，27（2）：126-134.

张少昂，1986. 兴安落叶松天然林林分生长模型和可变密度收获表的研究 ［J］. 东北林业大学学报，
（3）：17-26.

张文辉，刘国彬，2007. 黄土高原植被生态恢复评价、问题与对策 ［J］. 林业科学（1）：102-106.

张晓明，2004. 黄土丘陵沟壑区坡面稳定林分结构设计研究 ［D］. 北京：北京林业大学.

张希彪，上官周平，2006. 人为干扰对黄土高原子午岭油松人工林土壤物理性质的影响 ［J］. 生态学
报，26（11）：3685-3695.

张昕欣，2020. 森林质量提升的必要性及其途径探析 ［J］. 农村实用技术，226（9）：151-152.

张芸，李惠通，张辉，等，2019. 不同林龄杉木人工林土壤 C：N：P 化学计量特征及其与土壤理化
性质的关系 ［J］. 生态学报，39（7）：2520-2531.

章永侠，2020. 基于生物量的黄土高原志丹县森林转型时空分异及影响因素研究 ［D］. 杨凌：西北农
林科技大学.

赵海林, 曲进社, 光增云, 等, 1987. 河南省刺槐林分密度控制图的编制与应用 [J]. 河南林业科技 (1): 37-41.

赵晓春, 刘建军, 任军辉, 等, 2011. 贺兰山4种典型森林类型凋落物持水性能研究 [J]. 水土保持研究, 18 (2): 107-111.

赵耀, 王百田, 2018. 晋西黄土区不同林地植物多样性研究 [J]. 北京林业大学学报, 40 (9): 45-54.

赵洋溢, 段旭, 舒树淼, 等, 2020. 云南磨盘山森林结构与生态水文功能 [M]. 北京: 中国林业出版社.

赵成姣, 2019. 不同密度沙地樟子松人工林生态化学计量特征 [D]. 阜新: 辽宁工程技术大学.

郑景明, 张育红, 1998. 林分生物量研究综述 [J]. 辽宁林业科技 (4): 43-45.

郑明国, 蔡强国, 陈浩, 2007. 黄土丘陵沟壑区植被对不同空间尺度水沙关系的影响 [J]. 生态学报, 27 (9): 3572-3581.

周佳雯, 高吉喜, 高志球, 等, 2018. 森林生态系统水源涵养服务功能解析 [J]. 生态学报, 38 (5): 1-7.

周巧稚, 2019. 晋西黄土区不同密度刺槐林水土保持功能评价 [D]. 北京: 北京林业大学.

周洋洋, 李致家, 姚成, 等, 2014. 基于SCE-SUA算法的API模型应用研究 [J]. 水力发电, 40 (4): 13-16.

朱继鹏, 2006. 晋西黄土区水源涵养林优化配置研究 [D]. 北京: 北京林业大学.

朱显谟, 2006. 重建土壤水库是黄土高原治本之道 [J]. 科技与社会, 21 (4): 320-324.

AFFLECK D L, 2016. Diéguez-Aranda U. Additive Nonlinear Biomass Equations: A Likelihood-Based Approach [J]. For. Sci., 62: 129-140.

AHMAD B, WANG Y H, HAO J, et al., 2018. Optimizing stand structure for trade-offs between overstory timber production and understory plant diversity: a case-study of a larch plantation in northwest China [J]. Land Degrad. Dev., 29 (9): 2998-3008.

AHMAD B, WANG Y, HAO J, et al., 2019. Optimizing stand structure for trade offs between overstory and understory vegetation biomass in a larch plantation of Liupan Mountains, Northwest China [J]. Forest Ecology and Management, 443: 43-50.

ALTANZAGAS B, LUO Y, ALTANSUKH B, et al., 2019. Allometric Equations for Estimating the Above-Ground Biomass of Five Forest Tree Species in Khangai, Mongolia [J]. Forests, 10: 661.

ANDO T, 1962. Growth analysis on the natural stands of Japanese red pine (*Pinus densiflora* Sieb. et. Zucc.). II [M]. Analysis of stand density and growth. Bulletin No. 147. Government Forest Experiment Station Tokyo.

ANDO T, 1968. Ecological studies on the stand density control in even-aged pure stands [M]. Bulletin No. 210. Government Forest Experiment Station, Tokyo.

AVERY T E, BURKHART H E, 1983. Forest measurement [M]. Third edition USA: Mc Graw Hill book company.

BARRIO-ANTA M, ÁLVAREZ-GONZ-ÁLEZ J G, 2005. Development of a stand density management diagram for even-aged pedunculate oak stands and its use in designing thinning schedules [J]. Forestry, 78: 209-216.

BARRIO-ANTA M, BALBOA-MURIAS M A, CASTEDO-DORADO F, et al., 2006. An ecoregional model for estimating volume, biomass and carbon pools in maritime pine stands in Galicia (northwestern Spain) [J]. For. Ecol. Manage, 223: 24-34.

BATTULGA P, TSOGTBAATAR J, DULAMSUREN C, et al., 2013. Equations for estimating the above-ground biomass of Larix sibirica in the forest-steppe of Mongolia [J]. Journal of Forestry Research, 24 (3): 431-437.

BI H Q, TURNER J, LAMBERT M J, 2004. Additive biomass equations for native eucalypt forest trees of temperate Australia [J]. TREES-Structure and Function, 18 (4): 467-479.

BRUCE D, WENSEL L C, 1987. Modeling forest growth approaches, definitions and problems in proceeding of IUFRO conference: forest growth modeling and prediction [R]. USDA Forest Service General Technical Report NC-120. Minneapolis, Minnesota (1): 1-8.

BORING L R, SWANK W T, 1984. The Role of Black Locust (*Robinia pseudoacacia*) in Forest Succession [J]. J. Ecol., 72: 749.

BORDERS B E, 1989. Systems of equations in forest stand modeling [J]. For. Sci., 35: 548-556.

CAO L, LI H, 2019. Analysis of Error Structure for Additive Biomass Equations on the Use of Multivariate Likelihood Function [J]. Forests, 10: 298.

CASTEDO-DORADO F, CRECENTE-CAMPO F, ÁLVAREZ-ÁLVAREZ P, et al., 2009. Development of a stand density management diagram for radiata pine stands including assessment of stand stability [J]. Forestry, 82: 1-16.

CASTAÑO-SANTAMARÍA J, BARRIO-ANTA M, ÁLVAREZ-ÁLVAREZ P, 2013. Regional-scale stand density management diagrams for Pyrenean oak (*Quercus pyrenaica* Willd.) stands in north-west Spain [J]. iForest-Biogeoscie For., 6: 113-122.

CARL C, BIBER P, LANDGRAF D, et al., 2017. Allometric Models to Predict Aboveground Woody Biomass of Black Locust (*Robinia pseudoacacia* L.) in Short Rotation Coppice in Previous Mining and Agricultural Areas in Germany [J]. Forests, 8: 328.

CARUSO T, GARLASCHELLI D, BARGAGLI R, et al., 2010. Testing metabolic scaling theory using intraspecific allometries in Antarctic microarthropods [J]. Oikos, 119: 935-945.

CHEN J M, CHEN X, JU W, et al., 2005. Distributed hydrological model for mapping evapot ranspiration using remote sensinginputs [J]. Journal of Hydrology, 305 (1): 15-39.

CLEAVELAND M K, 2016. Tree and forest measurement [J]. Choice Rev. Online, 53: 53.

CUI Y H, BI H X, LIU S Q, et al., 2020. Developing Additive Systems of Biomass Equations for *Robinia pseudoacacia* L. in the Region of Loess Plateau of Western Shanxi Province, China [J]. Forests, 11 (12): 1332.

DREW T J, FLEWELLING J W, 1977. Some recent Japanese theories of yield - density relationships and their application to Monterey pine plantations [J]. For. Sci., 23: 517-534.

DREW T J, FLEWELLING J W, 1979. Stand density management: An alternative approach and its application to Douglas-fir plantations [J]. Forest Science, 25: 518-532.

DEAN J T, BALDWIN V C, 1993. Using a density management diagram to develop thinning schedules for loblolly pine plantations [M]. Research Paper SO 275. USDA Forest Service. Southern Forest Experimental

Station.

DEAN T J, JOKELA E J, 1992. A density – management diagram for slash pine plantations in the lower coastal plain [J]. South. J. Appl. For., 16: 178–185.

DONG L, ZHANG Y, ZHANG Z, et al., 2020. Comparison of Tree Biomass Modeling Approaches for Larch (*Larix olgensis* Henry) Trees in Northeast China [J]. Forests, 11: 202.

ELLIOT W J, FOSTER G R, ELLIT A V, 1991. Soil erosion: Processes, impacts and prediction [C] // Soil Management for Sustainability. Soil and Water Conservation Society, Ankeny, Iowa: 25–34.

FARNDEN C, 1996. Stand density management diagrams for lodgepole pine, white spruce and interior Douglasfir. Information Report BC – X – 360 [M]. Government of Canada, Department of Natural Resources, Canadian Forest Service, Pacific Forestry Centre, Victoria, BC.

FATTORINI S, 2007. To fit or not to fit? A poorly fitting procedure produces inconsistent results when the species–area relationship is used to locate hotspots [J]. Biodiversity and Conservation, 16: 2531–2538.

FLEWELLING J W, DREW T J, 1985. A stand density management diagram for lodgepole pine [C] // Lodgepole Pine: the Species and its Management. Washington State University, Pullman, WA: 239–244.

FLEWELLING J W, WILEY K N, DREW T J, 1980. Stand density management in western hemlock [M]. Forestry Research Technical Report 042 – 1417 /80/32. Weyerhauser Corporation, Western Forestry Research Centre, Centralia, WA.

FU L, LEI Y, WANG G, et al., 2015. Comparison of seemingly unrelated regressions with error – in – variable models for developing a system of nonlinear additive biomass equations [J]. Trees, 30: 839–857.

GINGERICH P D, 2000. Arithmetic or geometric normality of biological variation: an empirical test of theory [J]. Journal of Theoretical Biology, 204: 201–221.

GOMPERTZ B, 1825. On the Nature of the Function Expressive of the Law of Human Mortality and on a new Mode of Determining Life Contingencies [J]. Philosophical Transactions of the Royal Society of London, 115 (1): 513–585.

GÓMEZ–VÁZQUEZ I, FERNANDES P, ARIAS–RODIL M, et al., 2014. Using density management diagrams to assess crown fire potential in *Pinus pinaster* Ait. stands [J]. Ann. For. Sci., 71: 473–484.

GÓMEZ J A, GIRÁLDEZ J V, FERERES E, 2001. Rainfall interception by olive trees in relation to leaf area [J]. Agricultural Water Management, 49 (1): 65–76.

GOMPERTZ B, 1825. On the nature of the function expressive of human mortality, and on a new mode of determining the value of life contingencies [J]. Phil. Transac Roy. Soci. London (115): 513–585.

HAN X, TSUNEKAWA A, TSUBO–M, et al., 2010. Effects of land–cover type and topography on soil organic carbon storage on Northern Loess Plateau, China [J]. Acta Agriculturae Scandinavica, Section B–Soil & Plant Science, 60 (4): 326–334.

HO–TAEK P, SHIGEAKI H, HAG–MO K, 2000. Seasonal and Inter–Plot Variations of Stemflow, Throughfall and Interception Loss in Two Deciduous Broad–Leaved Forests [J]. Journal of Japan Society of Hydrology & Water Resources, 13 (1): 17–30.

JACK S B, LONG J N, 1996. Linkages between silviculture and ecology: An analysis of density management diagrams [J]. Forest Ecology and Management, 86: 205–220.

KERKHOFF A J, ENQUIST B J, 2009. Multiplicative by nature: why logarithmic transformation is necessary in allometry [J]. Journal of Theoretical Biology, 257: 519-521.

KIM D K, KIM J W, PARK S K, et al., 1987. Growth analysis of natural pure young stand of red pine in Korea and study on the determination of reasonable density [M]. Research Reports of the Forestry Institute No. 34. Government of Korea, Seoul: 32-40.

KIVISTE A K, 1988. Mathematical functions of forest growth [M]. Estonian Agricultural Academy, Tartu, USSR.

KUMAR B M, LONG J N, KUMAR P, 1995. A density management diagram for teak plantations of Kerala in peninsular India [J]. For. Ecol. Manage., 74: 125-131.

KOU M, GARCIA-FAYOS P, HU S, et al., 2016. The effect of *Robinia pseudoacacia* afforestation on soil and vegetation properties in the Loess Plateau (China): A chronosequence approach [J]. For. Ecol. Manag., 375: 146-158.

LAMBERT M C, UNG C H, RAULIER F, 2005. Canadian national tree aboveground biomass equations [J]. Can. J. For. Res., 35: 1996-2018.

LIU L, LIU X H, 2010. Sensitivity analysis of soil erosion in the northern Loess Plateau [J]. Procedia Environmental Sciences, 2: 134-148.

LI Y, LIU Q, MENG S, et al., 2019. Allometric biomass equations of Larix sibirica in the Altay Mountains, Northwest China [J]. J. Arid. Land, 11: 608-622.

LÓPEZ-SÁNCHEZ C, RODRÍGUEZ SOALLEIRO R, 2009. A density management diagram including stand stability and crown fire risk for *Pseudotsuga menziesii* (Mirb.) Franco in Spain [J]. Mount. Res. Develop., 292: 69-176.

LONG J N, 1985. A practical approach to density management [J]. For. Chron., 23: 23-26.

LONG J N, MCCARTER J B, JACK S B, 1988. A modified density management diagram for coastal douglas-fir [J]. West. J. Appl. For., 3: 88-89.

LONG J N, SHAW J D, 2005. A density management diagram for even-aged Ponderosa pine stands [J]. West. J. Appl. For., 20 (4): 205-215.

LONG J N, SHAW J D, 2012. A Density Management Diagram for Even-Aged Sierra Nevada Mixed-Conifer Stands [J]. Western Journal of Applied Forestry (4): 187-195.

LU Y H, FU B J, CHEN L D, et al., 2007. Nutrient transport associated with water erosion: progress and prospect [J]. Progress in Physical Geography, 31 (6): 607-620.

LUO Y, WANG X, OUYANG Z, et al., 2020. A review of biomass equations for China's tree species [J]. Earth Syst. Sci. Data, 12: 21-40.

LUCAS-BORJA M E, HEDO J, CERDÁ A, et al., 2016. Unravelling the importance of forest age stand and forest structure driving microbiological soil properties, enzymatic activities and soil nutrients content in Mediterranean Spanish black pine (*Pinus nigra* Ar. Ssp. *salzmannii*) Forest [J]. Science of The Total Environment, 562: 145-154.

LUO Y, ZHANG X, WANG X, et al., 2014. Biomass and its allocation of Chinese forest ecosystems [J]. Ecology, 95: 2026.

MACK T J, BURK T E, 2005. A model-based approach to developing Density Management Diagrams illustrated with Lake States Red pine [J]. North. J. Appl. For., 22 (2): 117-123.

MCCARTER J B, LONG J N, 1986. A lodgepole pine density management diagram [J]. West. J. Appl. For. 1: 6-11.

MU Z J M, HUANG A Y, NI J P, et al., 2014. Linking annual N_2O emission in organic soils to mineral nitrogen input as estimated by heterotrophic respiration and soil C/N ratio [J]. PLoS One, 9 (5): e96572.

NEWTON P F, WEETMAN G F, 1993. Stand density management diagrams and their development and utility in black spruce management [J]. For. Chron., 69: 421-430.

NEWTON P F, WEETMAN G F, 1994. Stand density management diagram for managed black spruce stands [J]. For. Chron., 70: 65-74.

NEWTON P F, 1997a. Stand density management diagrams: Review of their development and utility in stand-level management planning [J]. For. Ecol. Manag., 98: 251-265.

NEWTON P F, 1997b. Algorithmic versions of black spruce stand density management diagrams [J]. For. Chron., 73 (2): 257-265.

NEWTON P F, 1998a. Regional-specific algorithmic stand density management diagram for Black Spruce [J]. North. J. Appl. For., 15: 94-97.

NEWTON P F, 1998b. An integrated approach to deriving site-specific black spruce regeneration standards by management objective [J]. For. Ecol. Manage., 102: 143-156.

NEWTON P F, 2003. Stand density management decision-support program for simulating multiple thinning regimes within black spruce plantations [J]. Comput. Electron. Agric., 38: 45-53.

NEWTON P F, AMPONSAH I G, 2005. Evaluation of Weibull-based parameter prediction equation systems for black spruce and jack pine stand types within the context of developing structural stand density management diagrams [J]. Can. J. For. Res., 35: 2996-3010.

NEWTON P F, 2006. Forest production model for upland black spruce stands-optimal site occupancy levels for maximizing net production [J]. Ecol. Model., 190: 190-204.

NEWTON P F, 2009. Development of an integrated decision-support model for density management within jack pine stand-types [J]. Ecol. Model., 220: 3301-3324.

NEWTON P F, 2012a. A decision-support system for density management within upland black spruce stand-types. Environ [J]. Model Soft, 35: 171-187.

NEWTON P F, 2012b. A silvicultural decision-support algorithm for density regulation within peatland black spruce stands [J]. Comput. Electron. Agric., 80: 115-125.

OLIVEIRA N, SIXTO H, CAÑELLAS I, et al., 2015. Productivity model and reference diagram for short rotation biomass crops of poplar grown in Mediterranean environments [J]. Biomass Bioenergy, 72: 309-320.

RICHARDS F, 1959. A flexible growth function for empirical use [J]. Exp. Bot (29): 290-300.

RIOFRÍO J, HERRERO C, GRIJALVA J, et al., 2015. Aboveground tree additive biomass models in Ecuadorian highland agroforestry systems [J]. Biomass Bioenergy, 80: 252-259,

PARRESOL B R, 2011. Additivity of nonlinear biomass equations [J]. Can. J. For. Res., 31: 865-878.

PACKARD G C, 2009. On the use of logarithmic transformations in allometric analyses [J]. Journal of Theoretical Biology, 257: 515-518.

PACKARD G C, BIRCHARD G F, 2008. Traditional allometric analysis fails to provide a valid predictive model for mammalian metabolic rates [J]. Journal of Experimental Biology, 211: 3581-3587.

PACKARD G C, BIRCHARD G F, BOARDMAN T J, 2011. Fitting statistical models in bivariate allometry [J]. Biological Reviews of the Cambrige Philosophical Society, 86 (3): 549-563.

PEENER M, SWIF D E, GAGNON R, et al., 2006. A stand density management diagram for balsam fir in New Brunswick [J]. The Forestry Chronicle, 82 (5): 700-711.

PÉREZ - CRUZADO C, MERINO A, RODRÍGUEZ - SOALLEIRO R, 2011. A management tool for estimating bioenergy production and carbon sequestration in Eucalyptus globulus and Eucalyptus nitens grown as short rotation woody crops in north-west Spain [J]. Biomass Bioenergy, 35: 2839-2851.

PORTÉ A, BARTELINK H H, 2002. Modelling mixed forest growth: a review of models for forestmanagement [J]. Ecological Modelling, 150 (1-2): 141-188.

PRETZSCH H, 2009. Forest Dynamics, Growth and Yield. From Measurement to Model [M]. Springer-Verlag, Berlin, Heidelberg.

REINEKE L H, 1933. Perfecting a stand density index for even-aged forest [J]. J. Agric. Res., 46: 627-638.

RITSEMA C J, 2003. Introduction: Soil erosion and participatory land use planning on the Loess Plateau in China [J]. Catena, 54 (1): 1-5.

RICHARDS F J, 1959. Aflexible growth function for empirical use [J]. J. Exp. Bot. (29): 290-300.

SABO K, HART S, SIEG C, et al., 2008. Tradeoffs in overstory and understory aboveground net primary productivity in southwestern ponderosa pine stands [J]. For. Sci., 54: 408-416.

SALES L, JAIME F, 2004. The allometric model in the stand density management of *Pinus pinaster* Ait. in Portugal [J]. Annals of Forest Science, 6 (8): 807-814.

SCHMIDT U, THÖNI H, KAUPENJOHANN M, 2000. Using a boundary line approach to analyze N_2O flux data from agricultural soils [J]. Nutr. Cycl. Agroecosyst., 57: 119-129.

SHAO M A, WANG Y Q, XIA Y Q, et al., 2018. Soil Drought and Water Carrying Capacity for Vegetation in the Critical Zone of the Loess Plateau: A Review [J]. Vadose Zone Journal, 7 (1): 0-8.

SHARMA M, ZHANG S Y, 2007. Stand Density Management Diagram for Jack Pine Stands in Eastern Northern Journal of Applied Forestry, 24 (1): 22-29.

STANKOVA T, 2004. A model of Stand Density Control Diagram for Scotch pine plantations in Rila mountain [J]. Nauka za gorata, 2: 29-55.

STANKOVA T, 2005. A density control model for Austrian black pine plantations in Bulgaria [J]. Nauka za gorata, 3: 29-50.

STANKOVA T V, 2008. Ecologically sustainable approach for establishment and manage-ment of Scots pine (*Pinus sylvestris* L.) plantations in Rila mountain, Bulgaria [J]. J. Balk. Ecol., 11 (3): 277-286.

STANKOVA T, DIÉGUEZ-ARANDA U, 2014. Dynamic third-generation whole-stand model for Scots pine plantations in Bulgaria [J]. For. Ideas, 20 (1): 31-46.

STANKOVA T V, 2017. Diéguez-Aranda U. A two-component dynamic stand model of natural thinning [J]. For. Ecol. Manage., 385: 264-280.

STANKOVA T, SHIBUYA M, 2007. Stand Density Control Diagrams for Scots pine and Austrian black pine plantations in Bulgaria [J]. New Forests, 34 (2): 123-141.

147

STURTEVANT B R, BISSONETTE J A, LONG J N, 1996. Temporal and spatial dynamics boreal forest structure in western Newfoundland: silvicultural implications for marten habitat management [J]. For. Ecol. Manage, 87: 13-25.

STURTEVANT B R, BISSONETTE J A, LONG J N, 1998. Stand Density Management Diagram for mixed balsam fir-black spruce stands [J]. North. J. Appl. For., 15 (1): 17-22.

SUN W Y, SHAO Q Q, LIU J Y, 2013. Soil erosion and its response to the changes of precipitation and vegetation cover on the Loess Plateau [J]. Journal of Geographical Sciences, 23 (6): 1091-1106.

TADAKI Y, 1963. The pre-estimating of stem yield based on the competition density effect [M]. Bulletin, No. 154. Government Forest Experiment Station, Tokyo.

TEWARI V P, LVAREZ-GONZÁLEZ J G, 2014. Development of a Stand Density Management Diagram for Teak Forests in Southern India [J]. J. For. Environ. Sci., 30 (3): 259-266.

YODA K, KIRA H, OGAWA H, 1963. Self-thinning in overcrowded pure stands under cultivated and natural conditions [J]. J. Biol. Osaka City Univ., 14: 107-129.

VACCHIANO G, MOTTA R, LONG J N, et al., 2008. A density management diagram for Scots pine (*Pinus sylvestris* L.): A tool for assessing the forest's protective effect [J]. Forest Ecology and Management, 255 (7): 2542-2554.

VÍTKOVÁ M, MÜLLEROVÁ J, SÁDLO J, et al., 2017. Black locust (*Robinia pseudoacacia*) beloved and despised: A story of an invasive tree in Central Europe [J]. For. Ecol. Manag., 384: 287-302.

WANG X, ZHAO D, LIU G, et al., 2018. Additive tree biomass equations for Betula platyphylla Suk. Plantations in Northeast China [J]. Ann. For. Sci., 75: 60.

WILSON F G, 1946. Numerical expression of stocking in terms of height [J]. J. For., 44: 758-761.

XIAO X, WHITE E P, HOOTEN M B, et al., 2011. On the use of log-transformation vs. nonlinear regression for analyzing biological power laws [J]. Ecology, 92: 1887-1894.

ZHANG Y, HUANG M, LIAN J, 2015. Spatial distributions of optimal plant coverage for the dominant tree and shrub species along a precipitation gradient on the central Loess Plateau [J]. Agricultural & Forest Meteorology, 206: 69-84.

ZHANG J, YOUNG D H, OLIVER W W, et al., 2015. Effect of overstorey trees on understorey vegetation in California (USA) ponderosa pine plantations. Forestry: An International [J]. Journal of Forest Research, 89: 91-99.

ZHENG F, HE X, GAO X, et al., 2005. Effects of erosion patterns on nutrient loss following deforestation on the Loess Plateau of China [J]. Agriculture, Ecosystems & Environment, 108 (1): 85-97.

ZHENG C, MASON E G, JIA L, et al., 2015. A single-tree additive biomass model of Quercus variabilis Blume forests in North China [J]. Trees, 29: 705-716.

ZENG N, SHUTTLEWORTH J W, GASH J H C, 2000. Influence of temporal variability of rainfall on interception loss. Part I. Point analysis [J]. Journal of Hydrology, 228 (3/4): 228-241.